WISSENSCHAFTLICHE ABHANDLUNGEN

NR. 33

PHENOLABWÄSSER UND ABWASSERPHENOLE, IHRE ENTSTEHUNG, SCHADWIRKUNG UND ABWASSERTECHNISCHE BEHANDLUNG — EINE MONOGRAPHISCHE STUDIE

von

HANS-JOACHIM BANDT

DEUTSCHE AKADEMIE
DER LANDWIRTSCHAFTSWISSENSCHAFTEN ZU BERLIN

AKADEMIE-VERLAG · BERLIN

1958

Anschrift des Verfassers:
Prof. Dipl.-Ing. Hans-Joachim Bandt
Deutsche Akademie der Landwirtschaftswissenschaften zu Berlin
Institut für Fischerei, Berlin-Friedrichshagen
Berlin-Friedrichshagen, Müggelseedamm 310

1958
Herausgegeben von der Deutschen Akademie der Landwirtschaftswissenschaften zu Berlin
Vorgelegt von Prof. Dr. Wundsch und Prof. Dr. Czensny
Erschienen im Akademie-Verlag GmbH, Berlin W 8, Mohrenstraße 39
Lizenz-Nr. 202 · 100/449/58
Satz, Druck und Einband: Druckhaus „Maxim Gorki", Altenburg
Bestell- und Verlagsnummer: 2068/33
Printed in Germany

INHALT

I. EINLEITUNG

1. Die Entstehung der Abwasserfrage und die sich daraus ergebenden hydrochemischen und hydrobiologischen Grunderkenntnisse

Mit der langsamen Umbildung Deutschlands in den sogenannten Gründerjahren nach dem siebziger Kriege vom Agrarland zum Industriestaat beginnt durch das Entstehen vieler neuer Gewerbebetriebe und Fabriken die Verunreinigung der Flüsse durch industrielle Abwässer allmählich stärker bemerkbar zu werden. Infolge der Industrialisierung vergrößern sich auch die Städte — es wachsen ganze Industriestädte schließlich heran —, und in den städtischen Wohnhäusern hält außerdem die fortschreitende Zivilisation mit zentraler Wasserversorgung, Spülklosett und Badeeinrichtung immer vermehrter ihren Einzug, wodurch sich auch der Anfall häuslicher Abwässer, die über Kanalisation und Kläranlage dem Vorfluter zugeführt werden müssen, wesentlich vergrößert.

Die Fischereiwirtschaft ist naturgemäß durch Abwässer am unmittelbarsten geschädigt vor den anderen Interessenten an der unverunreinigten Vorflut, und es nimmt daher nicht wunder, daß sofort schon in den 80er und 90er Jahren heftige Diskussionen und die ersten wissenschaftlichen Untersuchungen über die fischereiliche Abwasserfrage (vielfach in den Schriften des Deutschen Fischereivereins niedergelegt) einsetzten. Es ist recht interessant, daß auch bei den Anregungen und Verhandlungen zur Gründung der Keimzelle des heutigen Institutes für Fischerei in Friedrichshagen — der Biologischen und Versuchsstation des Deutschen Fischereivereins am Müggelsee (gegr. 1893) — die Abwasserfrage bereits Pate gestanden hat (WUNDSCH 79). C. WEIGELT empfahl in einer 1886 in der Zeitschrift „Archiv für Hygiene" veröffentlichten Preisschrift als erster die Einrichtung einer „Fischereiversuchsstation"; die von ihm bearbeitete Preisaufgabe lautete (und mutet inhaltlich höchst modern an): „Genaue Darlegung eines für bestimmte, näher zu beschreibende Verhältnisse praktisch ausführbaren Planes bzw. der Mittel, um die den natürlichen Wasserläufen und Gewässern zugeführten Abwässer der Fabriken und Auswürfe der Städte für den Fischbestand der gedachten Gewässer völlig unschädlich zu machen."

WEIGELT regte an, in der zu errichtenden Versuchsstation die Lebensbedingungen der Speisefische gerade auch im Hinblick auf die Abwasserfrage zu untersuchen. Das Preisgericht, dem unter anderen der berühmte Arzt Geheimrat VIRCHOW angehörte, hielt den Vorschlag zur Schaffung einer Fischereistation für beachtenswert und befürwortete ihn aufs wärmste. So hat schließlich die angewandt-wissenschaftliche Erforschung der fischereilichen Abwasserfragen von Anbeginn bis heute neben den anderen fischereilichen Forschungszweigen im Fischereiinstitut am Müggelsee ihren festen Platz gefunden.

In dem Jahrzehnt vor und nach der Jahrhundertwende widmeten sich viele Naturwissenschaftler, nicht zuletzt angeregt durch die beginnende Verunreinigung der Gewässer, intensiv hydrochemischen und hydrobiologischen Studien und schufen auf diesen Gebieten zunächst grundlegende Erkenntnisse. Was der Dichter Friedrich RÜCKERT (1788–1866) mit seinem eine gute Naturbeobachtung verratenden Vers gleichsam erfühlte:

„Der Strom, einmal getrübt,
muß fließen eine Weile,
eh' aus der inn'ren Füll'
er seinen Schaden heile"

das stellte sich — in fortschreitender Erkenntnis auf den Arbeiten von Louis PASTEUR basierend — schließlich in der durch Bakterien, Protozoen und Pilze (d. i. „die innere Füll'"!) bewirkten langsamen „nassen Verbrennung" der im Wasser gelösten organischen Substanz unter Sauerstoffverbrauch, letztlich bis zu Kohlensäure und Wasser, als „biologische Selbstreinigungskraft der Gewässer" dar. Die ersten, die diesen bei der Selbstreinigung der Flüsse neben rein chemischen Reaktionen sich vollziehenden biologischen Vorgang in seiner Ursache und bedeutsamen Auswirkung in den Grundzügen richtig erkannt hatten, sind A. MÜLLER (1873) (59) und unter experimenteller Beweisführung F. EMICH (1885) (28) gewesen.

2. Fischsterben durch Sauerstoffmangel und durch Gifte

Wird durch zuviel zersetzliche organische Substanz (z. B. aus Abwässern) der Sauerstoff im Gewässer restlos verbraucht, so schlägt der gesunde, aerobe Selbstreinigungsprozeß in die anaerobe, reduktive Abbauform — d. h. in stinkende Fäulnis — um, in welchem Medium natürlich kein Fischleben mehr möglich ist (BANDT 1, 2). Fischsterben aus dieser Ursache der Aufzehrung des notwendigen Atmungssauerstoffes, sogenannte Sauerstoffmangel-Sterben, bilden nach statistischen Untersuchungen (BANDT 3, 4) noch immer den größeren Teil (über 60%) aller Fischsterbensfälle.

Die Belastung der Gewässer mit anorganischen und organischen Stoffen natürlicher und fremder Herkunft und deren chemische und biologische Umsetzungen lassen sich natürlich chemisch-analytisch nachweisen und verfolgen; aber die chemische Wasseranalyse gibt doch jeweils nur ein Augenblicksbild im Moment der Probenahme, und man erfaßt zum Beispiel sehr oft nicht bei der Entnahme intermittierend zur Ableitung kommende Abwässer (Abwasserwellen, Abwasserstöße). Diesen Mangel überbrückten KOLKWITZ und MARSSON (39–41) durch ihre grundlegenden Arbeiten in den Jahren 1902 bis 1909 mit der Aufstellung des sogenannten Saprobiensystems, einer später weiter von KOLKWITZ (42) vervollständigten und von anderen Autoren (LIEBMANN 49) ergänzten Einteilung der Wasserbewohner aus der niederen Tier- und Pflanzenwelt nach dem Grade der Belastung ihres Wohngewässers mit fäulnisfähigen Stoffen. Sie bezeichneten Leitorganismen bei den verschiedenen Verschmutzungsgraden des Wassers (Oligo-, $\alpha + \beta$-Meso- und Polysaprobien), nach deren Vorkommen und Vorwiegen im biologischen Gesamtbild des Gewässers in der Form lebensfähiger Populationen man den Reinheits- bzw. Verschmutzungsgrad einstufen kann, und zwar auch noch, nachdem die verunreinigenden Abwasserstoffe vorübergehend gerade nicht oder bereits eine Zeitlang nicht mehr eingeleitet werden. Diese biologische Wasserbeurteilung wurde dann von Forschern, wie HOFER, SCHIEMENZ, THIENEMANN, NERESHEIMER, HAEMPEL, WUNDSCH und ihren Schülern, in die Praxis übertragen und für den Gebrauch des sachverständigen Fischereibiologen in der Form von Handbefunden der makroskopischen Fauna ausgestaltet (STEINMANN und SURBECK 73).

Neben den Sauerstoffmangelsterben weist die bereits erwähnte Fischsterbenstatistik, die sich über den mitteldeutschen Raum und eine Zeit von zwei Jahrzehnten erstreckt, weitere 23% der Fischsterbensfälle als durch Abwasser g i f t e hervorgerufen aus. Schon das äußere Bild dieser beiden verschiedenen Arten von Fischsterben läßt sie gewöhnlich unterscheiden, da das Sterben durch Gift unmittelbar am Einlauf des giftführenden Abwassers in den Vorfluter beginnt und gleich anschließend auf der Strecke größter Giftkonzentration (vor der Verdünnung durch Reinwasser aus Nebenflüssen) auch seine stärkste Auswirkung aufweist. Im Gegensatz dazu beginnt und weitet sich ein Sauerstoffmangelsterben erst eine gewisse Strecke (Sauerstoffzehrungsstrecke) unterhalb der Zuführung organischer, zersetzungsfähiger Abwässer aus.

II. DIE ENTSTEHUNG DER PHENOLABWÄSSER

1. Das Phenol als eines der ersten Abwassergifte

Zu den ersten industriellen, organischen Abwassergiften, deren Schadwirkung sich in den Fischgewässern bemerkbar machte, gehört bereits das Phenol. Mit dem Entstehen der ersten Gasanstalten, in denen mittels Zersetzungsdestillation von Steinkohlen Gas zur Beleuchtung der Straßen und Wohnungen gewonnen wird, dürften Phenolanteile mit dem „Gasfabrikabwasser" in die Vorfluter gelangt sein [Gasbeleuchtung in Deutschland: 1826 Berlin (vgl. Abb. 1) und Hannover; 1838 Leipzig]. Ferner gelangten auch schon Phenole und meist etwas Phenol enthaltende Mineralöle in die Gewässer durch Wassertransporte von Teer, Masut und Rohpetroleum (Leckagen) und durch Abwässer von Teerdestillationsbetrieben.

Aus: Bild-BZ 1956/Nr. 22

Abb. 1. Erste Gasanstalt Berlins in der Gitschiner Straße

2. Die ersten Abwassergesetze

Bald ließen sich auch von Geschädigten Klagen darüber vernehmen, daß die Gesetzgebung nicht längst ausreichende vorbeugende Maßregeln gegen die

„Fabrikeffluvien“ getroffen hätte und daß die Gesetze über die Gewässerverunreinigung nicht den wirklichen Verhältnissen angepaßt würden. In England, wo allerdings die Verunreinigung der dortigen kurzen Flußläufe bereits einen hohen Grad erreicht hatte, war in den 70er Jahren die Frage der Fabrikabgänge und Gewässerverunreinigung schon durch ins einzelne gehende Vorschriften geregelt, indem sogar die Milligramme der verschiedensten Abwasserstoffe pro Liter angegeben waren, die bei der Einleitung in die Flußläufe nicht überschritten werden durften — ein Verfahren, das in den späteren Wassergesetzen der deutschen Länder leider nicht nachgeahmt wurde. Unseres Erachtens hat dieser Mangel zu einem großen Teil die allmähliche Verschmutzung in den deutschen Flüssen mit herbeigeführt. Nach dem englischen Vorgang, aber schon verwässert, hat als erster deutscher Bundesstaat das badische Ministerium des Innern 1886, dem 1892 das Ministerium für Landwirtschaft und des Innern für Elsaß-Lothringen folgte, eine Verordnung zum Schutze der Fischerei erlassen, nach welcher die Einleitung von Abgängen der Gasanstalten und Teerdestillationen sowie von Petroleum und Produkten der Petroleumdestillation unter allen Umständen verboten wurde.

3. Erste deutsche fischereitoxikologische Untersuchungen

Sicherlich fußten diese Verordnungen schon auf der 1885 erschienenen berühmten Arbeit von WEIGELT, SAARE und SCHWAB (77), der ersten großen fischereitoxikologischen Untersuchung in Deutschland; in ihr wurde u. a. bereits quantitativ festgestellt, daß Phenol (Karbolsäure) für Forellen in einer Verdünnung von 1 : 150000 bis 1 : 100000 (= 7,5 bis 10 mg/l), für die übrigen Fische in der Verdünnung von 1:100000 (=10 mg/l) als Nervengift tödlich wirkt. Die toxische Wirkung von Phenol hatte vorher bereits Justus von LIEBIG bei Blutegeln und Fischen erkannt (vgl. 78). Leider sind in den späteren Wassergesetzen der deutschen Länder derartige strikte Verbote nicht mehr ausgesprochen worden, und die lasche Handhabung der in diesen Gesetzen gegebenen Möglichkeiten zur Verhütung der Gewässerverunreinigungen durch die Abwässer seitens der Wasserpolizeibehörden hat einen Großteil Schuld an den heutigen unerträglichen Zuständen in den Vorflutern (BANDT 5).

4. Heutige Phenolabwasser-Quellen

Neben den Steinkohlenkokereien und den Braunkohlenschwelereien brachte etwa vom Jahre 1925 ab die zwecks Deckung des immer höher steigenden Bedarfes an Benzin, Dieselöl und Schmierölen für Autos und Flugzeuge entstehende Kohleveredlungsindustrie, insbesondere die Hochdruckhydrierung von Teeren und Kohle (nach BERGIUS) und seit der Zeit vor dem letzten Kriege auch die Treibstoffsynthese nach dem Verfahren von FISCHER-TROPSCH-PICHLER, weitere Abwasserphenolmengen in die Vorfluter. Phenolhaltige Abwässer fallen ferner in Gasgeneratorenanlagen, Sauggasanlagen, Holzverkohlungsanlagen,

Montanwachsfabriken, Mineralölfabriken und Phenoplaste erzeugenden Betrieben an. Auch mit Regenabläufen von frisch geteerten Straßen (HÄRDTL 32), ferner durch Baumspritzungen oder -bestäubungen mit phenolhaltigen Pflanzenschutzmitteln [Karbolineum (SPEYER 70, 71), Dinitro-o-Kresol (BANDT 6, 7)] und bei der praktischen Anwendung von Teerstoffen zur Imprägnierung oder Desinfektion sind Phenole des öfteren in Fischgewässer gelangt.

III. DIE SCHADWIRKUNGEN DER PHENOLABWÄSSER

1. Schädigungen der Fischereiwirtschaft

Welcher Art sind die fischereilichen Schädigungen durch Phenole bzw. Phenolabwässer?

Sie schädigen:

durch Sauerstoffzehrung im Fischgewässer, wie dies praktisch bei allen organischen, zersetzlichen Abwässern der Fall ist;

durch Vertreibung der Fische bei geringen Phenolkonzentrationen; die sowjetische Forscherin KALABINA (37) stellte fest, daß die Fische bei 0,2 mg/l Phenol abzuwandern beginnen;

durch akute Giftwirkung auf die Fische, also durch Fischsterben, wobei sich die Phenole als Nervengift auswirken (BLUME 19);

durch Geschmacksbeeinträchtigung am Fleisch lebender Fische bei spurenweisem Vorkommen von Phenolen im Wasser (BANDT 8);

durch Vertreibung oder Abtötung der Fischnährtiere.

a) Zusammensetzung phenolhaltiger Abwässer

Nach den ersten, oben erwähnten Feststellungen von WEIGELT (77) wurde noch in einer ganzen Reihe späterer Arbeiten die Wirkung des Phenols als Fischgift quantitativ untersucht; die unterschiedlichen Ergebnisse haben ihre Ursache in den verschiedenen Versuchsbedingungen — so vermindert sich beispielsweise die Giftwirkung der Karbolsäure mit steigender Karbonathärte des Wassers (HAMMERSTINGL 31) und verstärkt sich mit sinkendem Sauerstoffgehalt — und in den von den einzelnen Autoren verschieden ausgelegten und gehandhabten Versuchsgrenzen (Empfindlichkeitsgrenze, Letalitätsgrenze, Schwellenwert, Störungsschwelle, Manifestationszeit u. a.). Dazu kommt, daß der Begriff „Phenole" bei den phenolhaltigen Abwässern nur ein Sammelbegriff ist. In ihnen können enthalten sein: die einwertigen Phenole, also Karbolsäure, Kresole und Xylenole, und die mehrwertigen Phenole Brenzkatechin, Resorcin, Hydrochinon, Pyrogallol und Phloroglucin, ferner als sogenannte Begleitstoffe verschiedene organische Säuren, Aldehyde, Ketone, Alkohole, außerdem Pyridine, Chinolin, Naphthalin, Naphtole und anorganische Giftstoffe wie Zyan (BANDT 9), Rhodan, Schwefelwasserstoff und Ammoniak und manches andere mehr. So wird man vielleicht verstehen, wenn auch keineswegs entschuldigen, daß in Deutschland in vielen Flußstrecken die Fischereiwirtschaft durch die „Phenol"-Abwässer weitgehend geschädigt, ja vernichtet ist. Eine Reihe von Flüssen oder Flußabschnitten auch in der Deutschen Demokratischen Republik ist durch phenolhaltige Abwässer zu „Abwasserkanälen" herabgewürdigt worden (Pleiße, Fuhne, Mulde, Schwarze Elster u. a.), wobei über die fischereiliche Entwertung hinaus z. T. jeglicher Gemeingebrauch an der fließenden Welle aufgehoben ist und bei Überschwemmungen auch Schäden in der Landwirtschaft an Pflanzen und Tieren nicht ausgeschlossen sind.

In den übrigen europäischen Industriestaaten liegen ähnliche Verhältnisse vor. Auch durch andere Abwasserarten sind manchenorts derartige, weitgehende Schädigungen hervorgerufen worden. Diese Tatsache veranlaßte B. CYRUS und Z. CYRUS 1947 (23), den oben erwähnten klassischen Saprobitätsstufen nach KOLKWITZ und MARSSON eine weitere, die „Antisaprobität", hinzuzufügen und folgendermaßen zu erläutern (vgl. 72): Es gibt Industrieabwässer, die neben einem hohen Anteil der allgemein verunreinigenden Stoffe noch spezielle Chemikalien enthalten, die das Leben vernichten („Vernichtungsstufe"). Die Folge davon ist eine Sterilisation; die Gifte machen alle Zersetzungsprozesse der organischen Stoffe unmöglich und wirken antisaprob (zersetzungshemmend). Nach STRÁMEK-HUŠEK (72) ist die antisaprobe Verunreinigung in den Industriegegenden sehr verbreitet und durch eine vollkommene Abwesenheit aller Organismen, einschl. Bakterien, gekennzeichnet. Man rechnet zu ihr vor allem die Abwässer und stark verunreinigten Vorfluter der Sulfitzellulose- und der chemischen Industrie, welch letztere z. B. Phenole, Cyanide, Schwermetallsalze oder ähnliche Stoffe enthalten. Manche solcher Abwässer weisen gleichzeitig einen hohen Gehalt an organischen Stoffen auf, die sich erst mehrere Kilometer stromabwärts bei stärkerer Verdünnung zersetzen können, wodurch dann das betreffende Gewässer in eine atypische, noch halbvergiftete Polysaprobie bzw. Mesosaprobie übergeht.

Analytisch waren wir bisher in einer etwas unbefriedigenden Lage. Im konzentrierten Phenolabwasser können wir zwar die einwertigen und die mehrwertigen Phenole in ihrer Gesamtheit als Gruppen quantitativ bestimmen, die Identifizierung aber der einzelnen Phenole[1]), insbesondere der höheren, ist schon schwierig, kaum üblich und bisher nur vereinzelt ausgeführt worden (MEISSNER 54, 55, 56) (JANÁK 35) (JANÁK u. MATOUSEK 36) (LEINBITZ E. usw. 48). Schon im dünneren Gesamtwerksabwasser und vollends in der starken Verdünnung im Fluß war das bisher gar nicht möglich, hier hat es bei der quantitativen Ermittlung der mit Wasserdampf flüchtigen Phenole zur Zeit noch sein Bewenden. Durchgesetzt hat sich hierfür in Mitteldeutschland im Zeitraum von zwei Jahrzehnten die Nitranilin-Methode; es ist daher unverständlich, daß diese

[1]) Die Böhlener Braunkohlen-Schwelwässer enthielten z. B. nach BECHER (16):

4,7 g/l	Karbolsäure	1,2 g/l	Resorcinderivate
2,6 g/l	Kresole	0,9 g/l	Hydrochinonderivate
1,2 g/l	Xylenole	0,4 g/l	Phloroglucin
1,4 g/l	Brenzkatechin	1,6 g/l	unbek. höhere Phenole

auch in der neuesten Auflage „Deutsche Einheitsverfahren zur Wasser-, Abwasser- und Schlammuntersuchung" der Gesellschaft deutscher Chemiker e. V. (Weinheim 1954) gänzlich unberücksichtigt blieb. Es werden also zumeist nur die flüchtigen „HSN-Phenole" [mit p-Nitranilin nach HINDEN-SPLITTGERBER-NOLTE (60)] in dem Bewußtsein bestimmt, daß Karbolsäure und Kresol zwar den hervorstechendsten Anteil, aber eben nur einen Teil der reichhaltigen, phenolischen Inhaltsstoffe der sogenannten Phenolabwässer bilden. Wenn auch die Zusammensetzung der gleichen Phenolabwasserarten unter sich vielfach verschieden ist — bei Braunkohlenschwelereiabwässern z. B. schon herrührend von der verschiedenen Konstruktion und Fahrweise der Schwelöfen und besonders natürlich von der Zusammensetzung der verarbeiteten Kohle und dem Grad ihrer Vortrocknung —, so ist nunmehr doch auf Grund von umfangreichen analytischen Untersuchungen durch MEISSNER (54) in großen Zügen die Relation zwischen der Menge der flüchtigen Phenole und der Art und Menge der anderen Phenole und von Begleitstoffen bei verschiedenen Phenolabwasserarten bekannt.

b) Giftwirkung von Phenolen usw., insbesondere Untersuchungen des Verfassers über die Giftwirkung verschiedenster Inhaltsstoffe der „Phenolabwässer"

Was wissen wir über die fischereiliche Giftwirkung der Phenole bzw. Phenolabwässer?

Reines Phenol (Karbolsäure) wirkt nach den neuesten Untersuchungen von WUHRMANN und WOKER (78) giftig auf

Bachforellen . . . . ab 9,5 mg/l
Döbel (Alet) . . . . ab 10 mg/l
Barsche (Egli) . . . ab etwa 12 mg/l
Elritzen . . . . . . ab etwa 17 mg/l.

Nach EBELING (27) wirken Phenol und Kresol ab 10 bis 15 mg/l auf Aale, Schleie und Karpfen tödlich.

Für Fischnährtiere — benutzt wurden die empfindlichen Gammariden — beginnt nach EBELING die tödliche Wirkung von Phenol und Kresol etwa bei 25 mg/l. Den Abwasserorganismus *Tubifex tubifex* (roter Schlammröhrenwurm) schädigt Karbolsäure nach GREVEN (29, 30) erst ab 200 mg/l.

Über die Giftwirkung der übrigen phenolischen Inhaltsstoffe der Abwässer, insbesondere auch der Polyphenole, war bisher nur bekannt, daß nach HÄRDTL (32) für Brenzkatechin der Letalitätsgrenzwert für Barsche bei 5 bis 10 mg/l liegt, während die unempfindlicheren Karpfen und Karauschen bei dieser Konzentration leben bleiben. Chinon ist nach HÄRDTL etwas stärker giftig, der Letalwert für Barsche sowie Karpfen soll 5 bis 10 mg/l betragen. Weiterhin gibt SOLLMANN (69) an, daß Hydrochinon gegenüber Goldfischen eine 100fach stärkere Giftwirkung aufweise als die Karbolsäure, was ich des näheren bestätigen kann. Nach neu angestellten, eigenen Versuchen liegt der „Schwellenwert“ (d. h. die niedrigste Konzentration, bei der innerhalb einer Beobachtungszeit von 3—4 Tagen noch eine wesentliche Schädigung auftritt) für

Karpfen	bei 0,2 mg/l	Hydrochinon (16° C; $p_H = 7{,}6$; $5{,}6^\circ$ Karb.-H.)
Barsch	bei 0,2 mg/l	
gr. Stichling	bei 0,2 mg/l	
Bachflohkrebs (*Gammarus*) .	bei 1,5 mg/l	

Hydrochinon gehört demnach zu den schwersten Giften für Fische; es ist in gewissen Phenolabwässern im Vergleich zu den übrigen zwei- und einwertigen Phenolen jedoch in der geringsten Menge vorhanden (54). Auf Protozoen wirkt Hydrochinon nach BEER (17) ab 6,6 mg/l tödlich.

MEISSNER (55) stellte fest, daß das Oxydationsprodukt des Hydrochinons — das p-Chinon — gegenüber Protozoen um ein Vielfaches giftiger ist als Hydrochinon; bei 1 bis 2 mg/l p-Chinon sterben alle Protozoen. MEISSNER beobachtete (Tafel 1) die Einwirkung von weiteren Phenolabwasserstoffen vergleichsweise auf verschiedene Organismengruppen (vgl. BANDT 10).

Tafel 1

Toxischer Effekt einiger organischer Inhaltsstoffe der Kohleindustrieabwässer nach MEISSNER[1])

Bezeichnung	Protozoen:		Rotatorien	Krustaceen	Mollusken
	Mastigophoren	Ciliaten			
Karbolsäure	1000	1000	1000	200	200
o-Kresol	700	525	350	175	—
Xylenol 1 : 3 : 4	154	77	77	46	108
α-Naphtol	131	65	65	39	26
Brenzkatechin	860	860	—	—	—
Hydrochinon	85	85	—	—	34
Resorcin	3440	2580	2580	1720	—
Pyrogallol	375	—	—	—	—
Phloroglucin	—	6000	6000	—	—
Guajacol	—	1520	—	—	—
Chinon	—	1	1	—	—
Anilin	—	6000	—	—	—
Xylidin 1 : 3 : 4	—	—	—	—	500
Toluidin O	—	—	—	—	500
Pyridin	—	16000	—	—	—
Collidin		450	—	—	—
Chinolin	—	750	—	—	—
8-Oxychinolin	—	130	—	—	—

[1]) Effekt bezieht sich auf die Wirkung von 1000 Molekeln Karbolsäure auf Protozoen.

Die beobachteten Organismen waren:

Bakterien	Protozoen	Rotatorien
Stäbchen	Mastigophoren	*Asplanchna brightwelli*
Spirillen	(Bodonen + Monaden)	*Brachionus urceolaris*
Vibrionen		*Polyarthra platyptera*
Ciliaten	*Vorticella putrinum*	
	Cyclidium glaucoma	
Krustaceen		Mollusken
Nauplien	*Daphnia*	*Limnaea*
Bosmina	*Canthocamptus*	*Planorbis*
Ostracoda	*Cyclops*	*Viviparus*

Nach BEER (17) gehen die Protozoen durch Pyrogallol ab 33 mg/l, durch Resorcin und Phloroglucin in nur einigen Arten ab 500 mg/l ein.

In Versuchen des Verfassers erwies sich das p-Chinon gegenüber obiger Angabe von HÄRDTL als wesentlich giftiger; die Toxizität für Fische ist mindestens ebenso stark wie die des Hydrochinons, für Plötzen ist sie stärker, für Karpfen und Schleie geringer. Unsere Untersuchungen ergaben:

p-Chinon:	Plötze	Schwellenwert 0,1 mg/l
	Blei	Schwellenwert 0,2 mg/l
	Karpfen	Schwellenwert 1,0 mg/l
	Schleie	Schwellenwert 1,0 mg/l

Geschmacksbeeinflussung: o. B. bei 0,5 mg/l
(Schleie und Karpfen).

In langen Fischversuchsreihen hat der Verfasser die Schwellenwerte weiterer phenolischer Inhaltsstoffe (Tafel 2) und von „Begleitstoffen" (Tafel 3) der Phenolabwässer (mit reinen Substanzen) festgestellt und einige ergänzende Versuche zu im Schrifttum vorliegenden Arbeiten durchgeführt.

Die Ergebnisse in Tafel 2 zeigen, daß die Giftwirkung der Xylenole mit Ausnahme des 1 : 3 : 5-Xylenols über der der übrigen einwertigen Phenole (Karbolsäure und Kresol) liegt. Aus der Reihe der zweiwertigen Phenole ist das Brenzkatechin vergleichsweise von ebenso starker, das Resorcin von geringerer Giftwirkung, wodurch die oben gekennzeichnete Ausnahmestellung des Hydrochinons in seiner hohen Toxizität um so augenscheinlicher wird. Das dreiwertige Phenol Pyrogallol ist etwas schwächer, das Phloroglucin praktisch kaum giftwirkend. Recht giftig ist das m-Methylaethylphenol.

c) Geschmacksbeeinflussung des Fleisches freilebender Fische durch Phenole und eigene Untersuchungen über die geschmacksverschlechternde Wirkung verschiedenster Inhaltsstoffe der „Phenolabwässer"[1]

Daß die „Phenole" bei recht geringen Gehalten im Gewässer dem Fleisch der lebenden Fische einen Mißgeschmack erteilen können, ist schon seit der Zeit

[1]) z. T. aus BANDT (10)

Tafel 2

Fischversuche mit Inhaltsstoffen von Phenolabwässern (reine Substanzen): Phenole, Phenolderivate

(Gift-)Stoff	Schwellenwert der Giftwirkung mg/l	bei Fischart	Geschmacks-beeinflussung ab etwa mg/l	auf Fischart
1 : 3 : 4-Xylenol:	8	Blei		
	8	Plötze	5	Karpfen
	10	Karpfen		
1 : 3 : 5-Xylenol:	15	Barsch		
	18	Plötze	1	Plötze
	20	Blei		
1 : 2 : 4-Xylenol:	5	Blei		
	5	Plötze	1	Plötze
	10	Karpfen		
1 : 2 : 5-Xylenol:	5	Blei		
	5	Plötze	1	Plötze
	10	Karpfen		
Phenacetin:	150	Plötze	—	—
m-Methylaethyl-phenol sym.:	4 4	Barsch Plötze	3,5	Karpfen
Brenzkatechin:	10 15	Plötze Karpfen	2,5	Karpfen
Guajacol:	45 50	Barsch Plötze	—	—
Resorcin:	35 35	Plötze Karpfen	30	Karpfen
Pyrogallol:	20	Plötze	30	Plötze
	50	Karpfen	20	Karpfen
Phloroglucin:	bis 600 mg/l keine Giftwirkung	Karpfen	100	Karpfen

vor dem ersten Weltkriege bekannt. Die „Phenollachse" im Rhein haben eine traurige Berühmtheit erlangt. Eine Notiz darüber findet sich bei HELBING und BACH 1912 (33), daß bei der Emschergenossenschaft Klagen einliefen, wonach im Rhein gefangene Fische beim Kochen deutlich nach Phenol röchen, einen Geschmack nach Karbol aufwiesen und somit ungenießbar wären. Selbst noch in Wesel, also etwa 23,5 km unterhalb der Emscher-Mündung (Steinkohlenkokereiabwässer), nahmen aus sauberen Gewässern stammende Fische bei mehrtägiger Hälterung im Rhein einen starken Karbolgeruch an, obwohl das Wasser aus den Fischhältern weder kalt noch erwärmt nach Phenolen roch. Sogar Holland beschwerte sich, daß auf holländischem Gebiet im Rhein gefangene Fische den Mißgeschmack zeigten (vgl. auch LEHMANN 47). Seitdem ist, besonders auch in Mitteldeutschland (hauptsächlich Braunkohlenschwelereiabwässer), diese Art der Beeinflussung der Fischerei zur Hauptschädigung geworden.

Tafel 3

Fischversuche mit Inhaltsstoffen von Phenolabwässern (reine Substanzen): Begleitstoffe

(Gift-)Stoff	Schwellenwert der Giftwirkung mg/l	bei Fischart	Geschmacks-beeinflussung ab etwa mg/l	auf Fischart
p-Toluidin:	50	Plötze	20	Plötze
1 : 3 : 4-Xylidin:	50	Plötze	bis 40 mg/l o. B.	Plötze
Pyridin:	160 180 200	Plötze Blei Karpfen	5	Plötze u. Karpfen
α-Picolin:	300	Plötze	—	—
2 : 4 : 6-Collidin:	22	Plötze	—	—
Chinolin:	10 10 10	Plötze Blei Karpfen	0,5—1,0	Karpfen
8-Oxychinolin:	1 1	Barsch Plötze	—	—
Naphthalin:	—	—	1	Plötze
α-Naphthol:	2 3 4	Plötze Blei Karpfen	0,5	Plötze
β-Naphthol:	2 2 2	Plötze Blei Karpfen	1	Plötze u. Karpfen
α-Naphthylamin:	6	Plötze	3	Plötze
Azetonitril:	bis 550 mg/l keine Giftwirkung	Karpfen	bis 550 mg/l o. B.	Karpfen

Es gibt heute ganze Flußstrecken auch in der DDR — sogar, wenn auch unter Mitwirkung noch anderer Abwasserarten (u. a. Buna), in der Elbe (BANDT 1, BAUCH 15) —, wo Fische zwar noch leben, aber wegen Mißgeschmacks unverkäuflich sind, und wo die Fischerei daher weitgehend daniederliegt[1]).

Eine Geschmacksbeeinflussung von Fischen auf dem Wege über Kiemen und Oberhaut beginnt nach EBELING (27) bei Karbolsäure erst mit etwa 25 mg/l (Aale, Schleie, Karpfen), bei Kresol mit etwa 10 mg/l (Aale).

[1]) Bei der inzwischen wieder eingetretenen, annähernd normalen Ernährungslage hat der von Fischern und Anglern an mitteldeutschen, mit Phenolabwässern belasteten Flußstrecken in den vergangenen Notzeiten getätigte, anhaltende Genuß von „Phenolfischen" sicherlich aufgehört; in seiner Arbeit „Berufskrankheiten in der Binnenfischerei" (Z. Fischerei, 1952) hat der Verfasser geglaubt, vor solchem Genuß warnen zu sollen im Hinblick auf die Tatsache, daß durch gewisse „Teerstoffe" Krebskrankheiten gefördert werden. (Wie steht es in dieser Beziehung mit „phenol"-haltigem Trinkwasser?!)

Werden in phenol- und teerverunreinigtem Gewässerschlamm lebende Nährtiere (z. B. *Tubifex*) von Fischen gefressen, so kann nach eigenen Erfahrungen auch auf diesem peroralen Wege eine Geschmacksbeeinflussung des Fischfleisches erfolgen.

Da die Phenolabwässer, wie schon ausgeführt, ein Gemisch der verschiedensten Phenole und Begleitstoffe darstellen, haben wir neben den Fischvergiftungsversuchen auch Geschmacksbeeinflussungsversuche mit den verschiedensten Inhaltsstoffen durchgeführt, um festzustellen, welche Substanzen hauptsächlich als Verursacher des Mißgeschmackes anzusprechen sind.

An der Geschmacksbeeinflussung der Fische durch Phenolabwässer dürfte nach unseren Versuchsergebnissen (Tafel 2) besonders das Brenzkatechin beteiligt sein, da es mengenmäßig von den Polyphenolen in den Abwässern vorrangig und bereits etwa ab 2,5 mg/l wirksam ist. Die Xylenole gehören zu den geschmacksverschlechternd stark hervortretenden Phenolen, während Phloroglucin praktisch unbedenklich ist. Unter den Begleitstoffen (Tafel 3) sind die beiden übrigens auch recht giftigen Naphtole und das Chinolin geschmacklich sehr wirksam. Pyridin hätte man angesichts seines bekannten Geruches in dieser Richtung für noch wesentlich wirkungsstärker gehalten; seine Giftwirkung auf Fische ist verhältnismäßig gering, sie zeigte sich in unseren Versuchen geringer, als von STEINMANN und SURBECK (74) allerdings für *Alburnus bipunctatus* (Schneider) mit 100 mg/l angegeben. Naphtalin wirkt trotz seiner weitgehenden Unlöslichkeit im Wasser stark geschmacksverschlechternd. Daß bekanntlich Chlorphenol in minimalster Menge besonders intensiven Mißgeschmack bei Fischen erzeugt, darauf sei hier zur Vervollständigung noch hingewiesen (BANDT 8). Im ganzen dürfte die sich fischereiwirtschaftlich so verheerend auswirkende Geschmacksbeeinflussung der Fische in den Flüssen durch geringe Mengen Phenolabwässer als (sich vielleicht sogar verstärkende) Kombinationswirkung aus den einzelnen geschmacksverschlechternden Inhaltsstoffen zustande kommen, ganz abgesehen davon, daß wir in unseren Versuchen bisher ja noch immer nur einen Teil der Inhaltsstoffe der Phenolabwässer in ihrer Einzelwirkung als Gift und Geschmackskomponente näher untersucht haben; außerdem konnten wir uns dabei nur der reinen Grundverbindungen bedienen, es sind aber in den Abwässern zahlreiche Derivate derselben, vielfach noch nicht identifiziert, enthalten, von deren Wirkungen wir eben noch nichts wissen. Jedenfalls konnten wir in der den natürlichen Abbau der Abwasserstoffe hemmenden Kälte des langen Winters 1953/54 und bei längerer, den Austausch von Geruchsstoffen zur Luft verhindernder Eisbedeckung in der untersten Elbestrecke in der Deutschen Demokratischen Republik starken Phenolgeschmack der Fische bei im Mittel 0,02 mg/l HSN-Phenol feststellen (vgl. auch im Rhein, nächster Abschnitt unter Nr. 1). Dasselbe zeigte sich auch unter Eis im Müggelsee (vgl. Abschnitt d unter Nr. 2). Schließlich sei noch erwähnt, daß von den Mineralölen — die zumeist auch etwas Phenol enthalten — gleichfalls ein besonderer Mißgeschmack auf die Fische übergeht (Petroleumgeschmack), sei es, daß das Öl aus Abwässern von Mineralölbetrieben stammt oder durch die Schifffahrt (Bilgenwässer, Ölrückstände) ins Flußwasser gelangt und im Grundschlamm lange adsorptiv festgehalten wird (besonders stark im Hamburger Hafengebiet). Auch über in solchem ölhaltigen Schlamm lebende Fischnährtiere (Tubificiden) teilt sich der Mineralölgeschmack dem Fischfleisch mit (MANN 53).

d) Die fischereiliche Schadwirkung der industriellen Phenolabwasser-Gruppen[1])

So wichtig es ist, möglichst weitgehende Kenntnis von der Giftwirkung einzelner Inhaltsstoffe der Phenolabwässer zu besitzen, zur Beurteilung der Wirkung der Phenolabwasserarten sind doch auch Fischversuche mit den Giftegemische darstellenden Abwässern selbst nötig bzw. müssen dazu Erfahrungen in praxi, d. h. also aus Untersuchungen eingetretener Fischereischädigungen, vorliegen. Ich fasse unsere Kenntnisse über die Wirkung einzelner Phenolabwasser-Gruppen wie folgt zusammen:

1. Steinkohlenkoksabwässer:

nach EBELING (27) (Versuche mit Emscherwasser)	Giftigkeit für Fische	ab 3 bis 5 mg/l	HSN-Phenole
	Geschmacksbeeinflussung	ab 0,1 mg/l	
	Giftwirkung auf Gammariden	ab 3 mg/l	
Im Rhein:	Geschmacksbeeinflussung	ab 0,02 mg/l	

2. Steinkohlenteerabwässer:

Giftigkeit für Fische	ab 3 mg/l	HSN-Phenole
Geschmacksbeeinflussung	ab etwa 0,1 mg/l	

[nach eigenen Erfahrungen bei den Fischereischädigungen durch die Abwässer des Teerwerkes Erkner; nach neuesten Beobachtungen scheint es, daß besonders unter Eis auch hier die Geschmacksbeeinflussung bis 0,02 mg/l herabreicht (Müggelsee)].

3. Braunkohlenschwelereiabwässer:

Giftigkeit für Fische nach eigenen Feststellungen (Rippach, Fuhne, Saale und Selke-Bode)	ab 3 mg/l	HSN-Phenole
Geschmacksverschlechterung	ab etwa 0,1 mg/l	

Die bei Braunkohlenschwelereiabwässern von EBELING 1940 (27) angegebenen Giftigkeitswerte für Fische liegen sehr hoch und können keinesfalls allgemein als Richtzahlen angesehen werden. Schon BEER (17) kritisiert in anderem Zusammenhang die Bemerkung von EBELING, daß in Braunkohlenschwelwässern nur die wasserdampfflüchtigen Phenole zur Wirkung gelangen sollen, da die höheren fehlten, und daß die Giftwirkung dieser Abwässer mit der des reinen Phenols übereinstimme[2]). Gerade im Braunkohlenschwelereiabwasser (vgl. die Böhlener Analyse von BECHER, s. Fußnote S. 8) sind im Gegenteil erhebliche Mengen mehrwertiger Phenole enthalten, vor allem auch Hydrochinon, und die Wirkung stimmt durchaus nicht mit der des reinen Phenols überein, sondern sie ist um vieles stärker. Nach unseren Untersuchungen stellen sich

---

[1]) z. T. aus BANDT (10)

[2]) BUCKSTEEG, THIELE und STÖLTZEL (22) stellten fest, daß in einem Gemisch verschiedener einwertiger Phenole eine einfache Addition der Einzelgiftwirkungen eintritt.

die Dinge so dar: Findet sich in einem Giftegemisch eine Komponente mit bei weitem stärkerer Gifteigenschaft als die übrigen, so dürfte die eintretende Kombinationswirkung des Gemisches doch von der hochgiftigen Komponente wesentlich bestimmt werden (vgl. aber BANDT 11). Diese bestimmende Rolle dürfte infolge der oben mitgeteilten hohen Giftigkeit demnach dem Hydrochinon und seinem Chinon zukommen; chinoide Produkte entstehen sicherlich auch durch rein chemische Oxydation bei dem aeroben Angriff der im übrigen wesentlich biochemischen Selbstreinigungskraft des Vorfluters auf die Phenolabwässer. Auch die mehrwertigen Phenole werden biologisch gut abgebaut (NOLTE 61; MEISSNER 57; NOLTE u. BANDT 62; MEYER 58). Stellen wir an Hand der BECHERschen Schwelwasseranalyse folgende kurze Rechnung an: Es sind 8,5 g/l einwertige Phenole in dem Böhlener Abwasser enthalten; daher muß also in diesem Fall rechnerisch eine 2833fache Verdünnung im Vorfluter vorliegen, damit gerade der von mir oben angegebene, schädigende Grenzwert von 3 mg/l HSN-Phenole erreicht wird. Dann sind die im Abwasser gleichzeitig vorhandenen 0,9 g/l Hydrochinon auf 0,3 mg/l verdünnt, also gerade etwa auf die oben von mir festgestellte Größenordnung, die in einigen Stunden für Fische tödlich wirkt, während die anderen phenolischen Komponenten und Begleitstoffe im Abwasser noch weit unter ihrem fischgefährlichen Grenzwert liegen. So wird auch hierdurch unsere Meinung gestützt, daß das Hydrochinon hinsichtlich der Wirkung wesentlicher Giftanteil in diesen Abwässern ist.

Auf Grund dieser Erkenntnis ergeht daher unsere dringende Forderung, daß die Entphenolung der Phenolabwässer mit solchen Verfahren zu erfolgen hat (vgl. Abschnitt IV), die möglichst weitgehend auch die mehrwertigen Phenole erfassen (Phenosolvan-Verfahren; WEV-Verfahren; bzw. Phenolzerstörung durch biologische Verfahren). Der Wunsch der Phenolabwasser-Erzeuger, nur möglichst rein die wertvolle Karbolsäure und das Kresol (z. B. nach KOPPERS) zurückzugewinnen, ist vom Standpunkt der Reinhaltung der Gewässer und in Rücksicht auf die Fischerei nicht gutzuheißen (LORENZ 52), zumal die mehrwertigen Phenole infolge ihrer verhältnismäßig leichten Oxydierbarkeit auch stärkstens an der Sauerstoffzehrung (und an der Fische verscheuchenden Verfärbung und Eintrübung des Wassers) im Vorfluter beteiligt sind. Zukünftige, sehr notwendige Bemühungen der kohleveredelnden Industrie um eine weitergehende Aufarbeitung der Phenolabwässer (Gewinnung von Inhaltsstoffen) müssen bezüglich der Phenole vor allem in Richtung der möglichst vollständigen Gewinnung bzw. Entfernung der mehrwertigen, insbesondere des Hydrochinons (und des Chinons), gehen.

Über die Giftwirkung der Braunkohlenschwelwässer auf die Mikrolebewelt stellte BEER fest, daß in der Pleiße ab 9,5 mg/l HSN-Phenole bereits auch die Protozoen absterben, nachdem selbstverständlich die Fische und kleinen Fischnährtiere längst tot sind. Es sind im Vorfluterwasser dann nur noch Bakterien vorhanden. Diese Tatsache ist schon länger von unseren Arbeiten mit dem „Magdeburger P-Verfahren“ nach NOLTE, MEYER und FROMKE (64) bekannt. Es ist dies bekanntlich eine Methode zur biologischen Reinigung phenol-

haltiger Abwässer unter Zusatz von düngenden P- (und N-) Salzen und bei dadurch gewährleisteter Heranbildung ausreichender Mengen von die betreffenden Abwasserstoffe abbauenden Bakterien. Wird eine solche P-Anlage verhältnismäßig schwach belastet, so kommt eine Feinreinigung bis zu Bruchteilen von 1 mg/l HSN-Phenol zustande, und das biologische Agens im Belebtschlamm sind Bakterien und Protozoen (u. a. auch *Carchesium*). Wird die Anlage jedoch stärkstens belastet, dann kommt es nur zu einer Grobreinigung, die prozentual zwar noch recht hoch ist, aber im gereinigten Ablauf und also auch im Reaktionsbecken zeigen sich einige Milligramm — sagen wir 15 bis 30 mg/l — Phenole. Hierbei fanden sich auch in Großanlagen dann praktisch keine Protozoen mehr, sondern es handelt sich in diesem Falle nur noch um ein reines Bakterienverfahren mit geringster Belebtschlammausbildung (NOLTE und BANDT 63). Wie andernorts ausgeführt wurde (BANDT 12), ist das Vorhandensein des „biologischen Gleichgewichtes zwischen Bakterien und Bakterienfressern" zum Abbau von organischen Abwasserstoffen, insbesondere echt gelöster wie der Phenolate und der Salze der Fettsäuren, nicht notwendig. MEISSNER (57) fand neuerdings in einer Versuchsanlage, daß auch bei starker Phenolbelastung protozoenreiche mit protozoenarmen Perioden abwechseln können. Die bekannte Empfindlichkeit solcher biologischer Verfahren zur Zerstörung der Phenole glaubt er der oben dargelegten verstärkten Giftwirkung auf „die Biologie" durch die aus Polyphenolen oxydativ entstehenden Chinoide zuschreiben zu sollen.
In neuerer Zeit sind auch Phenolabbauversuche mittels Strahlenpilzen der Gattung *Nocardia* gelungen (BRINGMANN 20, 21); eine praktische Auswertung ist wohl aber nicht zu erwarten.

4. Braunkohlenteerabwässer:
   In der phenolischen Zusammensetzung zwischen Braunkohlenteer und Steinkohlenteer besteht kein wesentlicher Unterschied (HESERT 34), daher dürfte die Abwasserwirkung wohl ebenfalls etwa die gleiche sein (s. Nr. 2).

5. Braunkohlenkoksabwässer:
   Auf Grund unserer erstmaligen Fischversuche mit Braunkohlenkoksabwasser (Starkwasser von Lauchhammer) ergab sich: Giftigkeit für Fische (Barsch und Plötze) ab 7,5 mg/l HSN-Phenole.

Bemerkenswert ist die etwas geringere Schädlichkeit des Braunkohlenkoksabwassers. Es liegt das offensichtlich daran, daß in dem Starkwasser von Lauchhammer (im Vergleich z. B. zum Böhlener Braunkohlenschwelereiabwasser, das 8,5 g/l flüchtige und 5,5 g/l nichtflüchtige Phenole enthält) das Verhältnis der beiden Phenolgruppen erheblich zugunsten der weniger giftigen einwertigen (15,38 g/l) gegenüber den mehrwertigen (3,5 g/l) verschoben ist. Auch hier können wir, wie oben, eine überschlägliche Rechnung anstellen. Wenn das von uns benutzte Starkwasser von Lauchhammer 2050fach auf 7,5 mg/l HSN-Phenole herunterverdünnt ist und also durch die einwertigen Phenole noch keine Fischvergiftung eintreten würde, dann ist gleichzeitig die Menge der mehrwertigen Phenole auf 1,7 mg/l herabgesetzt. Der Teilgehalt an Hydrochinon ist bei diesem Abwasser wohl noch nicht bekannt; nehmen wir ihn mindestens mit dem geringen Wert wie im Böhlener Schwelwasser an, nämlich mit $^1/_6$ aller mehrwertigen Phenole, so ist mit 0,28 mg/l auch hier wieder der giftige Schwellenwert des Hydrochinons erreicht.

2. Phenolschädigungen auf dem Gebiet der Hygiene (Trink- und Grundwasser)

Wenn wir hier über die Schadwirkungen der Phenolabwässer und unsere neuesten diesbezüglichen fischereilichen Forschungsergebnisse berichtet haben, so soll doch aber auch auf die hygienische Seite der Phenolabwasserbelastung der Vorfluter und des Grundwassers an Hand eines gewichtigen Beispiels hingewiesen werden. In Erkner bei Berlin liegt am den Flaken- und den Dämeritzsee verbindenden Flakenfließ der VEB „Teerwerk Erkner". Seit Jahrzehnten stehen die unterhalb gelegenen Seen und Flußstrecken (Spree bis zum Müggelsee) unter dem Einfluß der öl- und phenolhaltigen Abwässer dieses Steinkohlenteer-Destillationsbetriebes. Es kommt noch hinzu, daß im Grundschlamm des Flakenfließes Teermengen lagern, die 1944 bei einem Bombenangriff auf das Werk aus angeschlagenen Tanks dort hineingeflossen sind und seitdem durch Wasserauslaugung eine ständige Phenolquelle bilden. Über eine notwendige Ausbaggerung des Grundes durch die Wasserstraßenverwaltung ist schon viel geredet worden, sie wurde aus manchen technischen Bedenken und geldlichen Gründen bisher aber nicht durchgeführt. So waren Fischsterben im Dämeritzsee immer wieder die Folge, und eine Geschmacksbeeinflussung der Fische zieht sich zeitweilig bis zum Müggelsee hin (s. Seite 15). Der Vorschlag, an der Schleuse Fürstenwalde mehr Spreewasser in den zum Dämeritzsee fließenden Spreearm zwecks besserer Durchspülung der Müggelspree zu geben, ist daher fischereilich nur zu begrüßen.

Das Werksgelände des Teerwerkes in Erkner wird seit vielen Jahrzehnten mit Phenolen verseucht, dadurch ist das Grundwasser fortschreitend beeinflußt worden, so daß die Brunnen des Wasserwerkes für Erkner und den Kreis Niederbarnim bereits seit geraumer Zeit phenolhaltiges Wasser fördern. Der Gehalt des dortigen Trinkwassers beträgt bis zu 0,4 mg/l Phenol. Das Trinkwasser kann wegen des Phenolgehaltes nicht gechlort werden, wozu man aus hygienischen Gründen, den Vorschriften entsprechend, eigentlich verpflichtet ist; aber es entstände dann Chlorphenol, wodurch das Wasser absolut ungenießbar würde. Was aber, wenn man dort bei Ausbruch einer seuchenhaften Infektionskrankheit die Chlorung unbedingt durchführen müßte! — Das neben dem Institut für Fischerei in Berlin-Friedrichshagen gelegene große Berliner Wasserwerk entnimmt sein Rohwasser etwa zur Hälfte aus Tiefbrunnen, die in Richtung Erkner bis Rahnsdorf hin liegen, zur anderen Hälfte aus dem Müggelsee. Mit Unbehagen hat man das gefahrbringende Ansteigen des Phenolgehaltes im Müggelsee in den letzten Jahren beobachtet. Der Phenolgehalt bis zu 0,04 mg/l des Müggelsee-Rohwassers wurde aber auf den Langsam-Kiesfiltern des Wasserwerkes, die ja nicht nur mechanisch filternd, sondern in der obersten dünnen Schicht auch biologisch wirksam sind, bisher immer restlos abgebaut; dazu kommt, daß das aufgearbeitete Müggelseewasser durch das aufbereitete Wasser aus den Tiefbrunnengalerien im Wasserwerk noch auf die Hälfte verdünnt wird, so daß im fertigen gechlorten Trinkwasser bisher niemals ein Chlorphenolgeschmack aufgetreten ist. Am 8. 2. 1956 trat erstmalig das alarmierende Ereignis ein, daß Phenol ins Trinkwasser durchgeschlagen war und das Trinkwasser zwei Tage lang bis zur betrieblichen Umstellung stark nach Chlorphenol schmeckte und damit hygienisch nicht einwandfrei und für Küchen- und manche industriellen Zwecke nicht mehr brauchbar war. Die Ursache ist wohl in dem Zusammenwirken mehrerer Faktoren zu suchen: Die langanhaltende Kälte und die Eisbedeckung haben das biologische Selbstreinigungsvermögen (Phenolabbauvermögen) des Vorfluters, vor allem auch des Müggelsees, stark herabgesetzt und nach einsetzendem Schneefall und dadurch bedingtem Lichtabschluß durch das Eis hindurch plötzlich so gut wie gänzlich aufgehoben. Gleichzeitig scheint auch von Erkner her [Teerwerk; Plastawerk (?)] ein Phenolabwasserstoß vorgelegen zu haben (0,08 mg/l HSN-Phenol im Müggelsee), und die Filter im Wasserwerk waren offenbar durch die Kälte ebenfalls in ihrem Abbauvermögen gehemmt. Ähnliche Schwierigkeiten hat der Verfasser auch kürzlich in der Schweiz kennengelernt, wo im Wasserwerk der Stadt St. Gallen in Rorschach am Bodensee gleichfalls Phenole durchgeschlagen waren, die dort durch die Abwässer der am Oberlauf des Rheins liegenden Industrie, vor allem aber wohl durch die benachbarte Gasanstalt in Rorschach, in den Bodensee gelangen. Um durch eine Chlorierung nicht das geschmacklich gefürchtete Chlorphenol entstehen zu lassen, wird zur Zeit im dortigen Wasserwerk mit einem Kostenaufwand von 3000000.— Schweizer Franken eine Ozonanlage für die vorgeschriebene Trinkwasserdesinfektion errichtet.

Der Eigenart und Seltenheit des Falles wegen sei auch noch auf die dritte vom Teerwerk Erkner ausgehende Phenolverunreinigung hingewiesen. Es handelt sich dabei um bei der Fabrikation anfallenden Kalkschlamm, Asche und teer- und ölhaltige Rückstände, die seit Jahrzehnten auf einer Ablage an der Löcknitz auf „Halde" gefahren werden. Das Wort Halde muß aber in Anführungsstriche gesetzt werden, denn es ist in der langen Zeit bei dem dortigen sumpfigen Untergrund gar keine hohe Halde entstanden; die Abfallstoffe versanken vielmehr allmählich immer wieder, und so ist dort nur ständig eine niedrige „Mondlandschaft" im Kleinen vorhanden, auf der bei starkem Regen „Kraterseen" entstehen, gefüllt mit einem dunkelbraunen, 4 bis 5 g/l Phenol enthaltenden Auslaugewasser, das beim Überlaufen oder Durchsickern dieser Laken zur Löcknitz hin weitere Phenole in die Vorflut einbringt. Das Absinken der phenolhaltigen Abfälle geschieht 50 m tief in den moorigen Untergrund. Da dieses Versenkungsgebiet am Nordrand des Warschau-Berliner Urstromtales liegt, aus dem die nach Rahnsdorf hin gelegene Brunnengalerie des großen Wasserwerkes in Friedrichshagen ihr Grundwasser zieht, befürchtet man, daß allmählich durch die Abraumversenkung (und durch die starke Phenolverseuchung des eigentlichen Werksgeländes) die Beeinflussung des Grundwassers von Erkner in Richtung Rahnsdorf-Friedrichshagen fortschreitet und die 40 m tiefen Brunnen des

Friedrichshagener Wasserwerkes phenolverunreinigt werden könnten. Sollte, was vorläufig noch ein Albdruck ist, an Hand von Wasseruntersuchungen aus neu zu errichtenden Beobachtungs-Bohrlochketten sich bewahrheiten, daß das Phenol im Grundwasser weiterwandert und das Friedrichshagener Wasserwerk gefährdet, dann würde sich darauf in Fachkreisen die Spekulation gründen, evtl. zum Schutze der Wasserwerksbrunnen durch das Verpressungsverfahren des Untergrundes mittels Betonmilch unterirdische Sperren in dem Grundwasserstrom anzulegen. Da kann man angesichts der technischen Schwierigkeiten, der hohen Kosten und des sicherlich auch noch fragwürdigen Erfolges nur hoffen, daß diese Kalamität niemals eintreten möge! (Nach inzwischen erfolgten Untersuchungen hat die Phenolwelle den Raum des Wasserwerkes bereits passiert; die Gefahr ist jedoch weiterhin akut [vgl. KUNZE, H., in ,,100 Jahre Berliner Wasserwerke", 1956, S. 89—97, Berlin VEB Verl. Technik]).

IV. DIE REINIGUNGSTECHNISCHE BEHANDLUNG DER PHENOLABWÄSSER

J. KÖNIG (43) schrieb über die Notwendigkeit der Abwasserreinigung im Jahre 1899: „Wo immer aber eine Reinigung der Abwässer ohne Lahmlegung oder wesentliche Belastung der Industrie möglich ist, da soll die Fischzucht nicht außer Acht gelassen werden, weil Deutschland in seiner nur wenig von der Natur gesegneten Lage und der stetig wachsenden Bevölkerung allen Grund hat, auch die geringste volkswirtschaftliche Einnahmequelle sich nicht entgehen zu lassen."

Wir sagen heute, die Abwässer müssen im Interesse der Allgemeinheit (Volkserholung, Freibäder), der Trinkwasserversorgung, der Bereitstellung von einwandfreiem Brauchwasser für Landwirtschaft und Industrie und zur Erhaltung der Fischerei auf jeden Fall ausreichend behandelt werden, wobei die Selbstreinigungskraft der Gewässer möglichst wenig herangezogen, vielmehr als Sicherheitsfaktor (Reserve) dienen sollte. Für alle Abwässer (mit geringen Ausnahmen) bestehen heute die technischen Möglichkeiten zur Reinigung. Wieweit die Reinigung getrieben wird, ist mehr oder weniger nur eine Funktion der dafür zur Verfügung gestellten Mittel an Geld und Material; dabei muß die Industrie sich nachgerade darauf einstellen, daß die pflichtgemäße Aufarbeitung und Reinigung der bei der Produktion entstehenden Abwässer technisch und betriebswirtschaftlich unmittelbar ebenfalls zum Produktionsbetrieb gehören (BANDT 13). Für die Stoffrückgewinnung aus Abwässern und für die Abwasserreinigung können nicht in erster Linie Wirtschaftlichkeitserwägungen ausschlaggebend sein; so muß z. B. die Entphenolung auch durchgeführt werden, wenn die Unkosten aus Rückgewinnungsprodukten nicht zu decken sind (BAROCKA 14). Die phenolhaltigen Abwässer sind nun einmal im Hinblick auf den Vorfluter die unangenehmsten Abwässer, deren Reinigung sehr weitgehend durchgeführt werden muß; denn der Grenzwert der fischereilichen Schädigung liegt, wie unsere Untersuchungen gezeigt haben, bei 0,02 mg/l HSN-Phenol.

1. Verfahren der Phenolrückgewinnung aus Abwässern

Zur Behandlung der Phenolabwässer stehen uns erstens Verfahren der Rückgewinnung der Phenole und zweitens solche der Phenolvernichtung zur Verfügung. Die Rückgewinnung ist nur in Großbetrieben möglich, wo Menge (über 200 m^3/Tag) und Konzentration der Abwässer ($>$ 2 g/l Karbolsäure und Kresole) diese erheischen und die aufwendigen, technischen Anlagen rechtfertigen. Bisher lag der chemischen Industrie nur an der Rückgewinnung von

Karbolsäure und Kresolen als Ausgangsmaterial besonders für Kunststoffe (Phenol-Formaldehyd-Kondensationsprodukte = Phenoplaste); es wird in Zukunft, wie schon auf S. 16 angedeutet, nötig sein, Verfahren anzuwenden, die auch die mehrwertigen Phenole und möglichst weitgehend auch Begleitstoffe herausnehmen und dadurch die Nachreinigung der Dünnwässer erleichtern, wobei natürlich auch eine zweckvolle Weiterverwendungsmöglichkeit der zurückgewonnenen chemischen Stoffe erwünscht ist, woran es zur Zeit noch mangelt.

Phenolgewinnungsverfahren:

a) Destillationsverfahren;

b) Extraktionsverfahren mit flüssigen Lösungsmitteln;

c) Verfahren mit festen Adsorbentien.

Aus der großen Anzahl der Verfahren können hier nur die technisch bedeutsamsten angeführt und kurz erläutert werden (18, 50):
Von den Destillationsverfahren wird das (ursprünglich amerikanische) Koppers-Verfahren, für Schwelwässer modifiziert, auf einigen Braunkohlenschwelwerken der Deutschen Demokratischen Republik durchgeführt. Nach Entfernung von Kohlensäure, Schwefelwasserstoff und eines Teiles des Ammoniaks mittels Dampf — auch die Ketone lassen sich gewinnen — werden mit im Kreislauf geführten Spüldampfmengen die wasserdampfflüchtigen Phenole, also vor allem Karbolsäure und Kresole, aus dem Schwelwasser ausgetrieben und in heißer Natronlauge aufgenommen. Die so erhaltene Phenolatlauge wird auf Karbolsäure und Kresole aufgearbeitet. Im Dünnwasser bleiben ein Rest von etwa 600 mg/l wasserdampfflüchtigen Phenolen, weitgehend die mehrwertigen Phenole und die Fettsäuren zurück. Der Gesamtphenolgehalt wird dabei nur zu rund 50% herabgesetzt (MEISSNER 54), so daß also eine Nachreinigung des Koppers-Dünnwassers unbedingt notwendig ist.
v. SAHR (65) beschreibt eine günstige, destillative Aufarbeitung des Koppers-Dünnwassers, die aber wohl noch nicht im technischen Maßstabe ausprobiert worden ist.
Extraktionsverfahren werden mit den verschiedensten Extraktionsmitteln, wie Benzol, Trikresylphosphat, Phenosolvan und Teerölen, betrieben. In Westdeutschland ist seit den zwanziger Jahren von der Emschergenossenschaft auf einer ganzen Reihe von Steinkohlenkokereien das Benzolverfahren (Abb. 2) eingeführt worden, wobei heute in modernster Weise aus dem Gaswasser (Ammoniakwasser), nach Entfernung von mechanischen Verunreinigungen in Kiesfilterkörpern und von Teerresten im Vorreiniger, in einem mit Raschigringen gefüllten Washcturm die Phenole im Gegenstrom mittels Benzol ausgewaschen werden. In vier hintereinandergeschalteten Kammern werden die aufgenommenen Phenole dem Waschbenzol (nach POTT u. HIGENSTOCK) durch Extraktion mit Natronlauge wieder entzogen. Die Phenolatlauge wird in Kesselwagen in ein chemisches Werk abtransportiert und dort durch Klardampfung und Karbonisierung auf Karbolsäure und Kresole aufgearbeitet; die dabei entstehende Sodalauge geht nach Kaustifizierung mit Kalkmilch als regenerierte

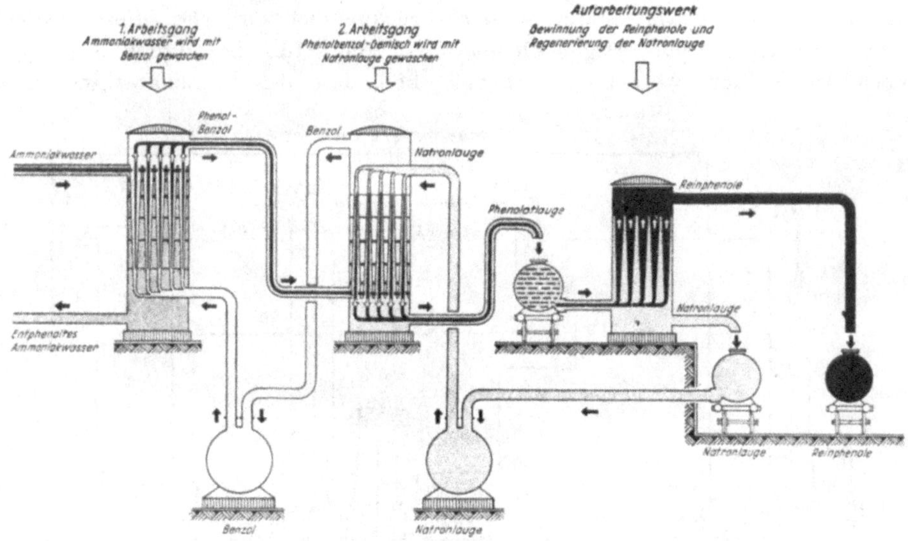

Abb. 2. Phenolgewinnung aus dem Ammoniakwasser der Kokereien

fec. Emschergenossenschaft

Natronlauge mit den Kesselwagen in die Entphenolungsanlage auf der Kokerei zur erneuten Phenolbindung im Kreislauf zurück.

Das Extraktionsverfahren mit Trikresylphosphat wird u. W. nicht mehr durchgeführt. Das entphenolte Dünnwasser einer solchen früher auf der Schwelerei Nachterstedt betriebenen „Tri"-Anlage floß der Selke zu; da Anteile des Extraktionsmittels mit dem nicht weiter behandelten Dünnwasser in den Vorfluter gelangten, interessierte den Verfasser die Giftigkeit des Extraktionsmittels für Fische. Die Erwähnung unseres damaligen Versuchsergebnisses, daß das Trikresylphosphat bei geringer Wasserlöslichkeit (trotz seiner als Humangift bekannten Orthokomponente) für Fische nur schwach giftig ist — Schwellenwert etwa 400 mg/l —, hat also hier nur noch historischen Wert. Eine biologische Weiterreinigung des entphenolten Dünnwassers im Magdeburger P-Verfahren gelang übrigens in einer halbtechnischen Anlage auf dem Werk wegen der Anwesenheit von wohl zuviel gelöstem bzw. emulgiertem „Tri" nur sehr unvollkommen (Herausschäumen des Belebtschlammes).

Das Extraktionsverfahren von besonderer Bedeutung gerade in der Deutschen Demokratischen Republik ist das Phenosolvanverfahren. Mit dem bei diesem Verfahren als Extraktionsmittel eingesetzten „Phenosolvan" (Butylacetat) wird dem mechanisch vorgereinigten und in einer Entsäuerungskolonne mit Dampf vorbehandelten Abwasser das Phenol im Gegenstrom in mehreren Stufen entzogen (Abb. 3).

Aus dem phenolhaltigen Extrakt wird das Phenosolvan alsdann abdestilliert, wobei die Phenole im Destillationsrückstand verbleiben und das Phenosolvan zur abermaligen Entphenolung wieder zurückgeführt wird. Bei diesem Verfahren können die einwertigen Phenole (bis 50 mg/l Rest im Dünnwasser) und auch Anteile der zweiwertigen Phenole, besonders des Brenzkatechins (bis

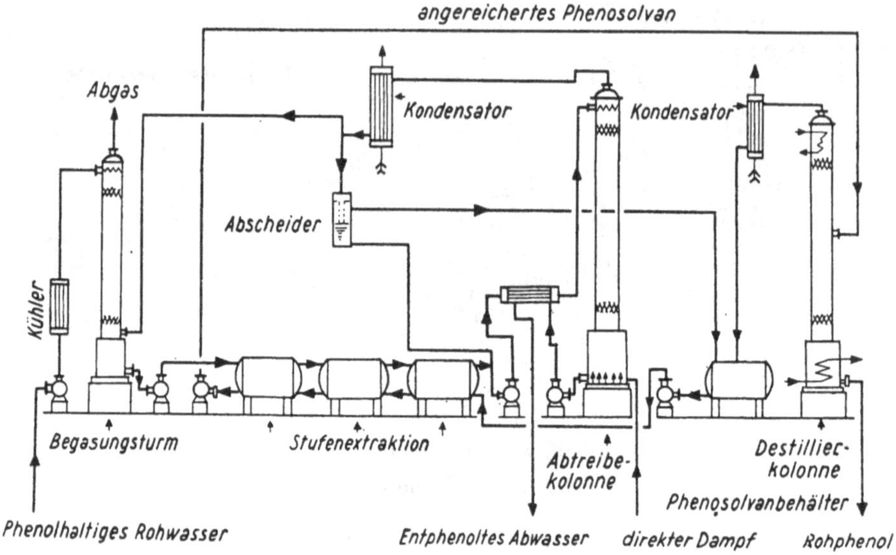

Abb. 3. Aus Lit. (24)

etwa 1000 mg/l Polyphenole im Dünnwasser), aus dem Starkwasser entfernt und gewonnen werden (DIERICHS 24). Außerdem befinden sich im Dünnwasser die flüchtigen Fettsäuren, das damit also noch nicht vorfluterreif ist, sondern nachgereinigt werden muß. Da bei der Durchführung dieses Verfahrens durch Leckagen usw. auch gelegentlich Anteile von Phenosolvan u. U. in den Vorfluter gelangen können, untersuchten wir zu unserer Orientierung die Giftigkeit dieses Extraktionsmittels:

Phenosolvan:

Schwellenwerte	Regenbogenforelle	20 mg/l
	Gr. Stichling	30 mg/l
	Karpfen	60 mg/l
	Bachflohkrebs (*Gammarus*) .	200 mg/l

Durch Anwendung günstigerer (möglichst werkseigener) Extraktionsmittel läßt sich in Zukunft der Effekt solcher Extraktionsverfahren vielleicht noch steigern (LANDA 44).

Von den Verfahren der Phenolgewinnung mit festen Adsorbentien sei das Aktiv-Kohleverfahren der Lurgi-Gesellschaft nur kurz erwähnt. Es ist für Braunkohlenschwelerei-Abwässer nicht geeignet; im übrigen ist die Reinigung (Phenole und viel Begleitstoffe) sehr gut, aber die Regeneration der A-Kohle mit heißem Benzol oder Dampf führt zu frühzeitiger Erschöpfung derselben.

Das Wofatit-Verfahren des Weiße-Elster-Verbandes (WEV-Verfahren) nach G. SCHULZ (66) dürfte sich wegen des guten Reinigungseffektes besonders auch zur Nachbehandlung vorentphenolter Abwässer eignen; das mit Phenolen und anderen Inhaltsstoffen (Fettsäuren) beladene Wofatit wird mit Methanol regeneriert, und aus der Extraktlösung wird das Methanol abdestilliert und wieder eingesetzt. Bisher noch zu hohe Methanol-Verluste haben zunächst verhindert, daß dieses reinigungstechnisch günstige Verfahren zu großtechnischer Durchführung gekommen ist. Methanol ist für Fische praktisch unschädlich.

2. Verfahren der Vernichtung von Abwasserphenolen

Verfahren zur Phenolvernichtung:

a) Versenken in Bohrlöchern oder Versickern in ausgekohlten Tagebauen bzw. in Erdteichen;

b) Verbrennung — Windsättigungsverfahren;

c) Bindung an feste Adsorbentien;

d) Biologisches Verfahren: „Magdeburger P-Verfahren"

   α) in Belebtschlammanlagen,

   β) auf Tropfkörpern, besonders Turmtropfkörpern.

Als Phenolvernichtungsverfahren muß natürlich die Versenkung von Phenolwässern in Bohrlöchern erwähnt werden, wie sie in der Braunkohlenschwelerei Profen noch immer durchgeführt wird. Bisher hat diese Versenkung noch keine nachweisbaren Schäden, wie Verseuchung des Grundwasserstromes u. ä., zur Folge gehabt; trotzdem muß auf Drängen von geologischer und bergbaulicher Seite baldmöglichst von der Schwelwasserversenkung endgültig abgegangen werden. Die Versickerung von Phenolabwasser in einem Erdteich auf der Schwelerei Nachterstedt ist eine sehr primitive und unbefriedigende Abwasser- und Phenolbeseitigung, denn als Folge davon werden aus dem benachbarten Tagebau phenolhaltige Grubenwässer gefördert und in die Vorflut abgeleitet.

Das Verbrennen von Abwasserphenolen ist nur bei kleineren Abwassermengen möglich und gelegentlich in Gasgeneratoren von kleineren Betrieben (Glashütten, Großbäckereien usw.) verwirklicht worden, indem man die Vergasungsluft mit dem mehrfach im Kreislauf benutzten, phenolhaltigen Gaswaschwasser befeuchtet und so einen Teil des anfallenden Phenolwassers beseitigt [Windsättigungsverfahren (76)]. Die Überschüsse an Phenolwasser oder solche Wässer überhaupt in Rauchgaskamine einzuspritzen, bedeutet bei Temperaturen unter 800° nur eine Verdampfung und keine Verbrennung der Phenole, die sich in der freien Luft dann wieder kondensieren und Schädigungen herbeiführen können. Eine wirkliche Verbrennung der Phenole zu Kohlensäure und Wasserdampf in besonderen Verbrennungsöfen ist technisch möglich, aber bisher wegen des hohen Wärmeaufwandes von 2000 kcal pro Liter Wasser zu kostspielig. Einen apparativen Weg, diesen Aufwand für Gaswasserüberschüsse um

50% zu erniedrigen, zeigten neuerdings STREBEL und ENGELBRECHT (76). Das Löschen von Koks in den Gaswerken und Kokereien mit Phenolwasser hat sich u. a. wegen der Geruchsbelästigungen und der unansehnlichen Verfärbung des Kokses nicht durchsetzen können.

Die Phenolbindung an Generatorasche oder Flugstaub aus Winkler-Generatoren ist dort, wo diese adsorptiv wirkenden Abfallstoffe in großer Menge zur Verfügung stehen, besonders als Feinreinigungsverfahren für vorentphenolte Abwässer (Dünnwässer) erfolgreich durchführbar (LORENZ 51, 52), (DIERICHS 25). Nur bei Mischung des Abwassers mit sehr viel Asche bzw. Multiklonstaub (im Verhältnis zur Phenolmenge) und darauf folgendem Absitzenlassen wird das Phenol so fest an das Adsorbens gebunden, daß es später nicht wieder ausgewaschen wird. Von STRANKMÜLLER (75) wird zur Entphenolung und Entfärbung von entölten Phenolabwässern eine Behandlung mit Braunkohlenasche unter gleichzeitiger Belüftung vorgeschlagen. Vorläufig gehen bei diesen Verfahren Adsorbent wie Adsorbat verloren; ob sich wirtschaftlich einmal das erstere regenerieren, das letztere gewinnen und damit das Verfahren zu einem Gewinnungsverfahren umformen lassen wird (LANDA 44), bleibt der Zukunft vorbehalten.

Das Prinzip der biologischen Reinigung von Phenolabwässern im „Magdeburger P-Verfahren" (64, 61, 62, 58) haben wir bereits auf Seite 17 geschildert. Es handelt sich dabei um eine „nasse Verbrennung" der organischen Abwasserstoffe zu Kohlensäure und Wasser. Es ist in der Vergangenheit fast ausschließlich zur Vernichtung von Phenol-Starkwässern in der Form des

Abb. 4. Magdeburger P-Verfahren (Belebtbecken)

Belebtschlammverfahrens im Umlaufbecken nach HAWORTH mit starker künstlicher Belüftung (poröse Platten, durchlochte Rohre) durchgeführt worden (Abb. 4). Eine gute Belüftung von der Oberfläche her wird mit der Bürstenwalze nach KESSENER (38) erreicht. Besonders geeignet ist das P-Verfahren aber zur Zerstörung der Restphenole (der einwertigen und vor allem der Polyphenole) und der Begleitstoffe (besonders der Fettsäuren) in vorentphenoltem Abwasser (Dünnwasser). Die maschinelle Aufwendigkeit des Verfahrens wird herabgesetzt, wenn es in Turmtropfkörpern mit natürlichem „Schornsteinzug" (nach G. SCHULZ 67, 68) (Abb. 5) durchgeführt wird, in denen ein betriebssicherer Dauerabbau von mindestens 2,0 kg BSB_5/m^3 Tropfkörperraum/Tag erreicht werden kann. Gegebenenfalls empfiehlt sich die Kombination beider Formen,

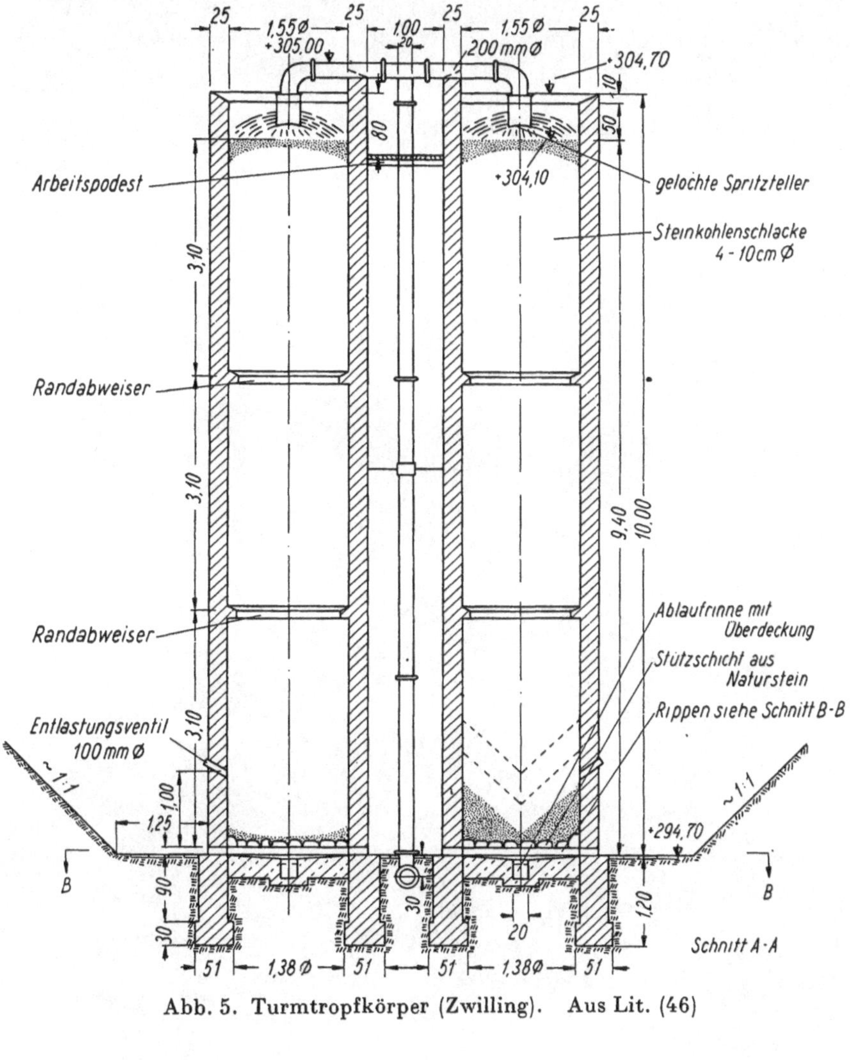

Abb. 5. Turmtropfkörper (Zwilling). Aus Lit. (46)

indem Turmtropfkörper und Belebtbecken in zwei Stufen hintereinander geschaltet werden, wodurch die weitestgehende Herabsetzung des BSB erreicht wird.

Nach Arbeiten von LANDA, SOLIN und ELIÀSEK (45) läßt sich der biologische aerobe Abbau von Phenolabwässern auch so leiten, daß wertvolle Zwischenprodukte entstehen, so daß auch hier vielleicht einmal die praktische Durchführung einer Stoffgewinnung denkbar ist.

Zur Zeit bemüht sich die Industrie, ein Verfahren der alkalischen Eindampfung (26) der Starkwässer auszuarbeiten, um das Konzentrat dann der chemischen Aufarbeitung zuzuführen.

V. ABSCHLIESSENDER AUSBLICK AUF DIE PHENOL-ABWASSERFRAGE IN DER DEUTSCHEN DEMOKRATISCHEN REPUBLIK

Durch die „Verordnung über die Errichtung und den Betrieb von Abwasserreinigungsanlagen vom 15. März 1956" (Gesetzbl. d. DDR, Teil I, Nr. 33, vom 28. 3. 56) haben die Bemühungen um die Reinhaltung der Gewässer bzw. um die Reinigung der Abwässer endlich wieder eine rechtliche Grundlage erhalten, nachdem eine solche seit Jahren, da die früheren Länder-Wassergesetze mehr oder weniger nicht mehr zur Anwendung gebracht werden, nicht mehr sicher bestanden hat (BANDT 5). Im § 2, Abs. 4 dieser Verordnung wird bestimmt, daß der Bau von industriellen Abwasserreinigungsanlagen gleichzeitig mit der Errichtung der Produktionsanlagen zu erfolgen hat und die Reinigungsanlagen bereits bei einer Inbetriebnahme von 10% der abwassererzeugenden Produktionsanlagen mit entsprechender Leistung in Betrieb zu nehmen sind. Es soll also nicht mehr vorkommen, wie es früher nur allzu oft der Fall war, daß erst der Eintritt eines Fischsterbens die Abwassererzeuger an ihre rechtliche und moralische Verpflichtung gemahnte, für eine ausreichende Abwasserbehandlung zu sorgen. Ferner wird u. a. bestimmt, daß die Erteilung der Standortgenehmigung für sämtliche gewerblichen und industriellen Neu- und Erweiterungsanlagen durch die Räte der Bezirke von der Vorlage eines wasserwirtschaftlichen Gutachtens abhängig zu machen und bei der Projektion und Bauausführung von Abwasserreinigungsanlagen den Erfordernissen der Fischerei Rechnung zu tragen ist.

Es ist allgemein bekannt, daß zur Zeit im Braunkohlenrevier der Lausitz ein gewaltiges Kohleveredlungsindustrie-Projekt unter dem Namen „Schwarze Pumpe" verwirklicht wird. Entsprechend der hohen Kapazität des Werkes müssen auf Grund obiger Verordnung zum Schutze der Spree vor Phenolverseuchung auch sehr umfangreiche Abwasserbehandlungsanlagen erstellt werden. Auf dem Spiele stehen die Trinkwasserversorgung der Spreewaldbewohner und des Raumes Berlin (Müggelsee) und das Peitzer Karpfenteichwirtschaftsgebiet. Da die Reinigung dieser Phenolabwässer, nicht zuletzt auch als Folgerung aus den Untersuchungsergebnissen des Verfassers, sehr weitgehend sein muß, ist nach dem derzeitigen Stand der Planung (November 1956) die Gewinnung der Phenole aus den mechanisch vorgereinigten Starkwässern nach dem Phenosolvanverfahren und eine dreistufige biologische Nachreinigung des Dünnwassers nach dem Magdeburger P-Verfahren vorgesehen, und zwar

Stufe 1 und 2 in Turmtropfkörpern und Stufe 3 in Belebtbecken. Bei vielleicht möglich werdender Durchführung der alkalischen Eindampfung der Starkwässer an Stelle des Extraktionsverfahrens plus biologischer Nachreinigung wird nur noch eine ungleich kleinere biologische Nachreinigungsanlage für die Dünnwässer und die „wilden Wässer" vorgesehen werden müssen.

Für den großen Nachholbedarf an Reinigungseinrichtungen für die Abwässer der bestehenden Großindustriewerke liegt ein besonderer Regierungsbeschluß über die nachträgliche Errichtung von Abwasserreinigungsanlagen bei Betrieben der verschiedenen Industriegruppen vor. In einem groß angelegten 10-Jahrplan sollen die heutigen Großverschmutzer (Braunkohlen-, Zellstoff-, Kali-, Chemie-, Zucker/Stärke-Industrie) unter Investierung großer geldlicher und Materialmittel saniert werden. Bei neun Werken der Kohleveredlungsindustrie, die heute Hauptpunkte der Vorfluterverunreinigung durch Phenole sind, sollen bis 1965 betriebsfähige Entphenolungsanlagen mit optimaler Phenolgewinnung und gleichzeitig hoher Abwasserreinigung errichtet werden. Ein aus Fachleuten der Industrie und der Wasserwirtschaft zusammengesetzter „Phenolausschuß" hat entsprechende Vorschläge zur Phenolwasserbehandlung für die einzelnen Werke auf Grund der jeweils neuesten Erkenntnisse zu machen (26).

Auf dem vorn mehrfach erwähnten Teerwerk Erkner wurde bereits 1955 eine Phenosolvananlage in Betrieb genommen; eine biologische Anlage für die Nachreinigung des entphenolten Abwassers und der „wilden" Wässer soll folgen.

So dürfen wir hoffen, daß sich in absehbarer Zeit die katastrophale Phenolbelastung vieler Vorfluter in der Deutschen Demokratischen Republik fortschreitend vermindern und dadurch (in Verbindung mit der nachholenden Verbesserung der Abwasserverhältnisse bei den anderen Großindustrien) gleichlaufend eine Erholung unserer so stark geschädigten Flußfischerei erfolgen wird.

VI. ZUSAMMENFASSUNG

Nach einer geschichtlichen Einleitung über die Entstehung der Abwasserfrage und die sich daraus ergebenden hydrochemischen und hydrobiologischen Grunderkenntnisse, wie die biologische Selbstreinigungskraft der Gewässer und die Möglichkeit der Ermittlung einer organischen Abwasserbelastung der Gewässer nach ihrem Einfluß auf die niedere Tier- und Pflanzenwelt (Saprobiensystem von KOLKWITZ und MARSSON), wird festgestellt, daß das ,,Phenol" eines der ersten Abwassergifte ist, das bereits aus den im ersten Viertel des vorigen Jahrhunderts entstehenden Gasanstalten in die Flüsse gelangt. Die ,,Phenole" schädigen im Gewässer bei etwas größerer Menge durch Sauerstoffzehrung und Giftwirkung, bei spurenweisem Vorkommen durch Geschmacksbeeinflussung der Fische; sie gelangen heute vor allem mit den Abwässern der ausgedehnten Kohleveredlungsindustrie in die Flußläufe. Durch Fischversuche hat der Verfasser den Schwellenwert der Giftwirkung und der Geschmacksbeeinflussung einer großen Reihe von Inhaltsstoffen der Phenolabwässer (Phenole, Phenolderivate und ,,Begleitstoffe") ermittelt und außerdem die bisherigen Kenntnisse über die Wirkung der einzelnen Phenolabwasser-Gruppen zusammengefaßt. Nach einem Hinweis auf Phenolschädigungen auf dem Gebiet der Hygiene (Trink- und Grundwasser) an Hand der vom Teerwerk Erkner im wesentlichen ausgehenden Belastung des Grundwassers und der Müggelspree wird der heutige Stand der reinigungstechnischen Behandlung der Phenolabwässer durch Phenolgewinnungsverfahren und Phenolvernichtungsverfahren und ihre Kombinationsmöglichkeit beschrieben.

РЕЗЮМЕ

После исторического введения о возникновении проблемы сточных вод и получении отсюда гидрохимических и гидробиологических основных сведений, как напр. о биологической силе самоочищения водоемов и возможности по воздействию на низшую фауну и флору (система сапробов Кольквица и Марссона), определить органическое загрязнение водоемов, установляется, что ,,феноль" является одним из первых ядов сточных вод, попадающий в реки из газовых фабрик, построенных уже в первой четверти прошлого столетия. ,,Феноли" проявляются в водоемах при некотором повышении их количества пожиранием (,,Zehrung") кислорода и токсическим действием, а при наличии следов — воздействием на вкусовые качества рыбы; они попадают в настоящее время в реки прежде всего со сточными водами обширной углеоблагораживающей промышленности. На опытах с рыбой автор определил порог токсичности и воздействия на вкусовые качества у целого ряда веществ, содержимых в сточных водах с фенолем (фенолей, дериватов фенолей и сопровождающих веществ") и кроме того он подытожил имеющиеся сведения о действии отдельных групп сточных вод с фенолем. Указать на наносимый фенолем гигиенический вред (в отношении питьевой и грунтовой воды), автор на примере исходящего в основном от дегтярного завода в Эркнере загрязнения грунтовой воды и реки Шпре на Мюггельском участке описывает современное состояние техники очищения сточных вод с фенолем путем добычи феноля, уничтожения феноля и путем их возможных комбинаций.

SUMMARY

After some historical remarks on the origin of the sewage question and the hydrochemical and hydrobiological basic knowledge arising therefrom such as biological self-purification power of the waters and the possible way of judging an organic sewage pollution of the waters according to its influence on the lower fauna and flora (Saprobien system of KOLKWITZ and MARSSON) it is found that ,,phenol" is one of the first sewage poisons which comes into the rivers by gas plants having been established already in the first quarter of the last century. In case of somewhat larger quantities the ,,phenols" are effective in the waters by oxygen consumption and poisonous action, in case of traces by taste influence of the fish; today they mainly pass into the river-courses by the vast coal improvement industry. With the aid of fish trials the author has ascertained the threshold value of the poisonous action and the influence of taste of several contents of the phenol sewage (phenols, phenolderivates and ,,accompanying substances"). Besides he has summarized the hitherto knowledge on the effect of the individual phenol damages. After reference to phenol damages in the field of hygiene (drinking and ground-water) by pollution of ground-water and the Müggelspree chiefly caused by the tar factory at Erkner, the present state of the treatment of purifying technique for phenol sewage by phenol extraction and phenol destruction methods and their ways of combinations is described.

VII. LITERATURVERZEICHNIS

(1) BANDT, H.-J.: Die Auswirkung der Abwasserverunreinigung unserer Flußläufe auf die Fischereiwirtschaft. Sitz.-Ber. Dt. Akad. Landwirtsch.-Wiss. Berlin 1954, **3**, 15—21

(2) Fischereischäden als Indikator für Flußverunreinigungen. Wasserwirtsch./Wassertechn. 1953, **3**, 375—378

(3) Fischsterben-Statistik 1927—1935. Beitr. Wasser-, Abwasser- u. Fischereichemie a. d. Flußwasser-Untersuchungsamt in Magdeburg 1947, **2**, 66—68

(4) Fischsterben-Statistik 1935—1946. Beitr. Wasser-, Abwasser- u. Fischereichemie a. d. Flußwasser-Untersuchungsamt in Magdeburg 1946, **1**, 46—48

(5) Ein Wort zur Verordnung und zum Regierungsbeschluß über die Abwasserreinigung. Dt. Fischerei-Ztg. 1956, **3**, 179—180

(6) Über die Giftwirkung von Dinitroorthokresol-Präparaten und von „Nemotan" auf Fische. Anz. Schädlingskde. 1941, **17**, 7—9

(7) Vorsicht mit Obstbaumspritzmitteln! (Fischsterben durch Dinitro-o-kresol). Fischerei-Ztg. 1943, **46**, 62
Fischsterben. Fischerei-Ztg. 1944, **47**, 151

(8) Geschmacksverschlechterung bei lebenden Speisefischen. Beitr. Wasser-, Abwasser- u. Fischereichemie a. d. Flußwasser-Untersuchungsamt in Magdeburg 1946, **1**, 36—39

(9) Sauggasanlagen als Abwasserquelle. Ges.-Ing. 1940, **36**, 19—20

(10) Fischereischäden durch Phenolabwässer. Wasserwirtsch./Wassertechn. 1955, **5**, 290—294

(11) Über verstärkte Schadwirkungen auf Fische, insbesondere über erhöhte Giftwirkung durch Kombination von Abwassergiften. Beitr. Wasser-, Abwasser- u. Fischereichemie a. d. Flußwasser-Untersuchungsamt in Magdeburg 1946, **1**, 15—23

(12) Zur Frage der Notwendigkeit des biologischen Gleichgewichtes zwischen Bakterien und Bakterienfressern beim Belebtschlammverfahren zur Reinigung organischer Abwässer. Mitt. Mus. Naturkde. u. Vorgesch. Magdeburg 1950, **2**, 169—173

(13) Wie bekämpft der Angler die Gewässerverunreinigungen? Fischen u. Angeln 1954, **6**, 245—246

(14) BAROCKA, E.: Reinigung industrieller Abwässer in Werk- und Sammelkläranlagen. Ges.-Ing. 1956, **77**, 276—279

(15) BAUCH, G.: Untersuchungen über die Gründe für den Ertragsrückgang der Elbfischerei zwischen dem Elbsandsteingebirge und Boizenburg. 1956. Habil.-Schr. Humboldt-Univ. Berlin

(16) BECHER, W.: Reinigung und Beseitigung von Schwelwasser. Gas- u. Wasserfach 1942, **85**, 459—468

(17) BEER, W.-D.: Über den Einfluß des Phenolgehaltes des Pleißewassers auf die Mikrolebewelt. Wasserwirtsch./Wassertechn. 1954, **4**, 125—131

(18) BEMMANN, R.: Die technische und wirtschaftliche Bedeutung des Phenols. 1954, Berlin, VEB Verl. Technik

(19) BLUME, W.: Studien zur vergleichenden Pharmakologie des Zentralnervensystems, II. Teil: Untersuchungen an Fischen. Naunyn-Schmiedebergs Arch. exp. Path. u. Pharmak. 1930, **149**, 186—210

(20) BRINGMANN, G.: Versuche zum biologischen Abbau von Phenolen im Belüftungsverfahren durch Mikroorganismen der Gattung Nocardia. Ges.-Ing. 1954, **75**, 252—254

(21) Biologische Reinigung phenolhaltiger Abwässer durch Strahlenpilze. Ges.-Ing. 1955, **76**, 106—109

(22) BUCKSTEEG, W., H. THIELE und K. STÖLTZEL: Die Beeinflussung von Fischen durch Giftstoffe aus Abwässern. Jb. „Vom Wasser" 1955, **22**, 194—211

(23) CYRUS, B. und Z. CYRUS: A Map of the Purity of Flows in the Catchment Areas of the Elbe, Danube and Oder. Práce a studie Stát. úst. hydrol., Praha, 1947, Nr. 64 (Tschechisch m. engl. Zusammenfassung)

(24) DIERICHS, A.: Phenol — Freund und Feind unserer Wirtschaft. Wiss. und Fortschritt 1956, **6**, 264—267

(25) Heutiger Stand und Ausblick in der Phenolwasserreinigung. Wasserwirtsch./Wassertechn. 1955, **5**, 52—57

(26) DIERICHS, A., und G. HAINICHEN: Deutsch-tschechoslowakische Phenolarbeitstagung. Wasserwirtsch./Wassertechn. 1956, **6**, 35—44

(27) EBELING, G.: Versuche über die Wirkung phenolhaltiger Abwässer . . . Jb. „Vom Wasser" 1939/40, **14**, 81—91

(28) EMICH, F.: Chem. Cbl. 1885, S. 333 (n. Monatshefte 1885, **6**, 77)

(29) GREVEN, U.: Untersuchungsmethoden zur Feststellung der Einwirkung von Abwässern auf Tiere und Pflanzen. Gewässer und Abwässer, eine limnologische Schriftenreihe, 1953, H. 3, 46—60

(30) Die Wirkung von Karbolsäure auf den Schlammröhrenwurm *Tubifex tubifex*. Arch. Hydrobiol. 1956, **52**, 278—286

(31) HAMMERSTINGL, J.: Untersuchungen über die Giftigkeit von Phenol bei verschiedenen Karbonat-Härtegraden der Versuchslösung auf Karpfen und Schleien. 1951; Diss. Univ. München

(32) HÄRDTL, H.: Über die Giftigkeit der wasserlöslichen Stoffe verschiedener Teererzeugnisse auf Fische. Z. Fischerei 1934, **32**, 459—531

(33) HELBING und BACH: Das Abwasser der Kokereinebenproduktenanlagen im Emschergebiete. In: 25 Jahre Emschergenossenschaft, 1900—1925. 1925, 262—276, Essen

(34) HESERT: Angew. Chemie 1930, **43**, 771

(35) JANÁK, J.: Die Bestimmung des Brenzkatechins in gewerblichen Abwässern und Phenolprodukten. Chem.-listy svazek 1954, **48**, 1171—1175

(36) JANÁK, J., und L. MATOUSEK: Die Bestimmung des Resorcins in Industrieabwässern und Phenolprodukten. Chem.-listy svazek 1954, **48**, 1176—1180

(37) KALABINA, M.: Der Phenolzerfall in Fließ- u. Staugewässern. Z. Fischerei 1935, **33**, 295—317

(38) KESSENER, H.: Betriebsweisen der Lüftung mit Bürstenwalzen bei der Abwasserreinigung mit belebtem Schlamm. Ges.-Ing. 1954, **75**, 2—4

(39) KOLKWITZ, R., und M. MARSSON: Grundsätze für die biologische Beurteilung des Wassers nach seiner Flora und Fauna. Kl. Mitt. d. Kgl. Prüfungsanstalt für Wasserversorg. u. Abwässerbeseitig. 1902, **1**

(40) Ökologie der pflanzlichen Saprobien. Ber. Dt. Bot. Ges. 1908, **26a**

(41) Ökologie der tierischen Saprobien. Int. Rev. ges. Hydrobiol. u. Hydrogr. 1909, **2**

(42) KOLKWITZ, R.: Ökologie der Saprobien. Schriftenreihe d. Ver. f. Wasser-, Boden- u. Lufthygiene 1950, Nr. 4

(43) KÖNIG, J.: Die Verunreinigung der Gewässer. 1899, 2. Aufl., Bd. 1, S. 94, Berlin

(44) LANDA, S.: Die Gewinnung und Bedeutung der Wertstoffe von Phenolabwässern. Wasserwirtsch./Wassertechn. 1956, **6**, 73—76

(45) LANDA, SOLIN und ELIÀSEK: Chemike-listy 1953, **47**, 622 (tschechisch)

(46) LANG, R.: Die Behandlung der Abwässer der neuen Tbc-Heilstätte Bad Berka (Thür.). Wasserwirtsch./Wassertechn. 1955, **5**, 190—194
(47) LEHMANN, C.: Phenolhaltige Abwässer und Fischerei. Mitt. Fischerei-Vereine (Ost) 1927, **31**, 194—197
(48) LEIBNITZ, E., U. BEHRENS und M. RINGPFEIL: Die papierchromatographische Trennung der im Schwelwasser vorkommenden Polyphenole. Wasserwirtsch./Wassertechn. 1956, **6**, 205—210
(49) LIEBMANN, H.: Handbuch der Frischwasser- und Abwasserbiologie. 1951, Bd. 1, München
(50) LIEPOLT, R.: Abwasserreinigung in Energieanlagen. 5. Weltkraftkonferenz, Wien 1956, Gruppe IV, Abt. L (Vorabdruck für Konferenzteilnehmer)
(51) LORENZ, K.: Phenolwasser-Nachreinigungsverfahren mittels Winklergasstaub und Winklerasche. Ges.-Ing. 1954, **75**, 189—194
(52) Phenolwasser-Nachreinigungsverfahren mit Hilfe von Winklergasstaub und Winklerasche. Wasserwirtsch./Wassertechn. 1954, **4**, 44—54
(53) MANN, H.: Zur Frage der Geschmacksbeeinflussung durch Phenole. Fischwirt 1951, **1**, 164—165
(54) MEISSNER, B.: Zusammensetzung der Starkwässer der Schwelereien, Gas- und Hydrierwerke. Wasserwirtsch./Wassertechn. 1954, **4**, 54—57 und 218—221
(55) Eine neue analytische Schnellmethode zur Differenzierung eines Phenolgemisches in Wässern, Teeren und Ölen. Bergakademie 1953, **5**, 271—274
(56) Eine Apparatur zur Durchführung einer Schwelwassergesamtanalyse in einem Arbeitsgang. Wasserwirtsch./Wassertechn. 1956, **6**, 305—308
(57) Untersuchungen über die Beseitigung phenolhaltiger Abwässer durch biologische Verfahren. Wasserwirtsch./Wassertechn. 1955, **5**, 82—87
(58) MEYER, H. J.: Gewerbliche Abwässer und P-Verfahren. Beitr. Wasser-, Abwasser- u. Fischereichemie a. d. Flußwasser-Untersuchungsamt in Magdeburg 1947, **2**, 36—44
(59) MÜLLER, A.: Landwirtsch. Versuchsstation 1873, **16**, 263
(60) NOLTE, E.: Phenolbestimmung im Flußwasser. Chemiker-Ztg. 1933, **57**, 654
(61) Biologischer Abbau der mehrwertigen Phenole im P-Verfahren. Beitr. Wasser-, Abwasser- u. Fischereichemie a. d. Flußwasser-Untersuchungsamt in Magdeburg 1949, **4**, 28—37
(62) NOLTE, E., und H.-J. BANDT: Versuche zur Reinigung verschiedener industrieller Abwässer und Abwasserstoffe mittels des Magdeburger P-Verfahrens. Beitr. Wasser-, Abwasser- u. Fischereichemie a. d. Flußwasser-Untersuchungsamt in Magdeburg 1947, **2**, 15—35
(63) NOLTE, E., und H.-J. BANDT: Biologische Abwasserreinigung mit belebtem Schlamm in Gegenwart von Cyan. Beitr. Wasser-, Abwasser- u. Fischereichemie a. d. Flußwasser-Untersuchungsamt in Magdeburg 1946, **1**, 9—14
(64) NOLTE, E., H. J. MEYER und E. FROMKE: Versuche zur Durchführung des Belebtschlammverfahrens bei gewerblichen Abwässern. Jb. „Vom Wasser" 1934, **8/1**, 126—147
(65) v. SAHR, E.: Destillative Aufarbeitung phenolhaltiger Abwässer. Chem. Techn. 1953, **5**, 377—380
(66) SCHULZ, G.: Die Aufarbeitung von Schwelwasser nach dem WEV-Verfahren. Wasserwirtsch./Wassertechn. 1952, **2**, 410—414
(67) SCHULZ, G.: Turmtropfkörper des Weißelsterverbandes. Wasserwirtsch./Wassertechn. 1952, **2**, 179—184
(68) SCHULZ, G.: Betriebserfahrungen mit den Turmtropfkörpern in Bad Berka. Wasserwirtsch./Wassertechn. 1956, **6**, 199—205.
(69) SOLLMANN, T.: J. gen. Physiol. 1948/49, **32**, 671—679; ref. i. Water Poll. Abstr. 1951, **24**, Nr. 1070

(70) SPEYER, W.: Absterben von Fischen und Regenwürmern infolge der Winterspritzung mit Obstbaumkarbolineum. Anz. Schädlingskde. 1927, **3**, 76—77
(71) SPEYER, W.: Beitrag zur Phenolempfindlichkeit der Fische. Z. Fischerei 1927, **25**, 503—504, u. Fischerei-Ztg. 1928, Nr. 2
(72) SRÁMEK-HUŠEK, R.: Zur biologischen Charakteristik der höheren Saprobitätsstufen. Arch. Hydrobiol. 1956, **51**, 376—390
(73) STEINMANN, P., und G. SURBECK: Die Wirkung organischer Verunreinigungen auf die Fauna schweizerischer fließender Gewässer. Preisschr. d. Schweiz. Zool. Gesellsch. Bern, 1918
(74) Fischvergiftungsversuche mit frischem und fauligem Harn, mit Ammoniak und Ammoniumverbindungen. Schweiz. Fischerei-Ztg. 1922, **30**, 123—129 u. 145—152
(75) STRANKMÜLLER: Entfärbung und Entphenolung von phenolhaltigen Abwässern mittels Asche- und Luftbehandlung, s. in (26)
(76) STEBEL, O. J., und H. ENGELBRECHT: Neues Verfahren zur Vernichtung phenolhaltiger Gaswässer. Stahl u. Eisen 1955, **75**, 346—348
(77) WEIGELT, C., O. SAARE und L. SCHWAB: Die Schädigung der Fischerei durch Industrie- und Hausabwässer. Arch. Hygiene 1885, **3**
(78) WUHRMANN, K., und H. WOKER: Die Giftigkeit von Phenol für verschiedene Fischarten. Schweiz. Z. Hydrol. 1950, **12**, 271—287
(79) WUNDSCH, H. H.: 25 Jahre Preußische Landesanstalt für Fischerei 1931, Berlin